OB11

娃头及头部妆造制作全解

面面 编著　爱林博悦 组编

人民邮电出版社

北京

图书在版编目（CIP）数据

OB11娃头及头部妆造制作全解 / 面面编著；爱林博悦组编. -- 北京：人民邮电出版社，2022.3
ISBN 978-7-115-58285-0

Ⅰ．①0… Ⅱ．①面… ②爱… Ⅲ．①化妆—造型设计
Ⅳ．①TS974.1

中国版本图书馆CIP数据核字(2021)第264180号

内 容 提 要

OB11娃娃即采用OB11素体和用软陶土制作的头部共同组成的娃娃，娃娃的关节可以活动，能摆出不同的动作。

本书是一本关于OB11娃头及头部妆造制作的教程，全书分为5章。第1章主要介绍了制作娃头需要使用的材料与工具；第2章提供了8种娃头造型技法；第3章介绍了3种OB11娃头制作方法以及娃头上妆技巧，这一章为本书的重点内容；第4章讲解了如何制作娃娃的头发；第5章给出了前面章节制作的OB11娃头形象的整体妆造成品图。

本书提供了OB11娃娃头部的制作方法，同时展示了多种娃头妆面效果与发型款式，是一本基础的OB11娃头制作教程，适合喜爱OB11娃头制作的新手阅读。

◆ 编　著　面　面
　　组　编　爱林博悦
　　责任编辑　魏夏莹
　　责任印制　周昇亮

◆ 人民邮电出版社出版发行　　北京市丰台区成寿寺路 11 号
　　邮编　100164　电子邮件　315@ptpress.com.cn
　　网址　https://www.ptpress.com.cn
　　北京捷迅佳彩印刷有限公司印刷

◆ 开本：787×1092　1/16
　　印张：9　　　　　　　　　　2022 年 3 月第 1 版
　　字数：230 千字　　　　　　 2025 年 1 月北京第 6 次印刷

定价：89.90 元

读者服务热线：(010)81055296　印装质量热线：(010)81055316
反盗版热线：(010)81055315
广告经营许可证：京东市监广登字 20170147 号

前言

OB11素体是指没有头部仅有娃娃身体部件的Obitsu素体，高度只有11cm。用OB11素体搭配自制的软陶土头部部件，就能制作出15cm左右高的OB11娃娃。

许多人喜欢OB11娃娃的精致和小巧，仿佛放在手心里可以听你轻语，放在口袋里可以陪你看世界，放在桌面上可以陪你工作。

OB11娃娃的脑袋、妆面、头发、衣服和鞋子基本都是手工制作的，每一个成品娃娃都是作者想法的表现，需要时间的积累和长久的坚持。

本书记录了娃头、妆面以及头发的制作过程，希望能够给你一点小小的帮助。

如果你很热爱OB11娃娃，我们一起坚持吧。

面面

2022年1月20日

目录

第4章 OB11娃娃头发制作

第5章 OB11娃娃妆造搭配

1

材料与工具

在制作 OB11 娃头之前要先准备好相关的材料与工具，并且了解其属性特点与使用方法。在本章中，详细介绍了本书制作娃头、给娃头上妆、制作娃头头发使用的材料与工具，给大家提供一些参考。

① 制作用土

本书制作OB11娃头主要使用软陶土，分别是比利时进口的CERNIT专业软陶泥（简称比利时土）和美国超级黏土（Super Sculpey，简称美土），用这两种土制作的娃头需要使用烤箱烘烤定型。

比利时土

一块比利时土质量约500g，共8种颜色，可以制作白肤、粉肤、黄肤、巧克力肤、黑肤等，是制作OB11娃头很好的一款软陶泥。

比利时土的优点有：一是颜色多样，可以互相调和，也可以加美土或色粉混合使用，调出更心仪的颜色；二是易塑形，比利时土相比美土偏硬一些（越揉越软），原因是其为胶质泥，烘烤后有胶感。

需注意，比利时土在烘烤后，土色会变深、变黄。

比利时土

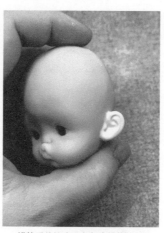

烘烤后的娃头土色与未烘烤的耳
朵土色对比

作者语：与土相关

（1）揉土是娃头制作的必要工序，其目的是把未经加工的软陶材料揉制均匀，使材料的内部密度加大，减少裂痕与气泡的产生。使用"成熟"的软陶材料在整个制作过程中都会得心应手。

（2）比利时土与美土混合后，烘烤时间如太长，颜色会变深，因此大家要掌握好烘烤时长。

美土

美土是世界知名的塑形专用黏土，是全球造型师、模型塑形爱好者广泛使用的一种手办造型材料。

② 造型工具

① 海绵头眼影笔刷（简称海绵头）
② 丸棒三件套
③ 软头笔
④ 尖头抹平笔
⑤ 圈头尖头笔
⑥ 扁头抹平笔
⑦ 刻画细节的粗针

说明：此处工具的编号顺序不等同于后面工具详解中单个物品的展示介绍顺序。

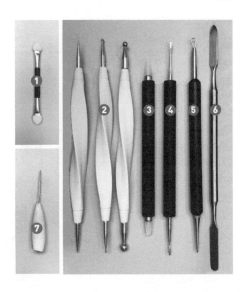

工具详解

海绵头眼影笔刷
能代替手指按压娃头面部的细节部位。

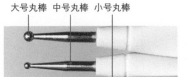

大号丸棒 中号丸棒 小号丸棒

丸棒三件套
用于细化娃头局部，以及刻画耳朵的结构。

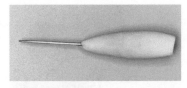

刻画细节的粗针
作者自制工具，是用于刻画娃头面部细节的工具，比如划鼻翼、刻牙齿等。此工具可以刻画出更细小的细节。

软头笔
本书使用尖头与切面头这两款笔头形状，主要用于调整眼眶造型，也可用于按压抹平整个面部。

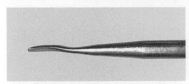

尖头抹平笔
能小范围抹平面部不平整的地方，以及调整眼眶造型。

圈头尖头笔
工具两端分别为圈头和尖头，用于刮平调整面部形体以及刻画面部五官的细节。

扁头抹平笔
在使用模具开颅法制作娃头时，可用此工具进行开颅操作。

③ 辅助材料与工具

① 电子秤
② 软化剂
③ 软陶黏合剂
④ 刀片
⑤ 擦擦克林
⑥ 痱子粉
⑦ 泡沫球
⑧ 玻璃眼珠
⑨ 自粘锡纸
⑩ 直尺
⑪ 海绵砂纸

说明：此处材料与工具的编号顺序不等同于后面材料与工具详解中单个物品的展示介绍顺序。

材料与工具详解

电子秤
用于称土，能精准称出不同质量的土。

软化剂
用于软化土。将其混入偏干的土里，使土软化到可用程度。

软陶黏合剂
添加耳朵时使用，增加耳朵与头部的黏合性。

刀片
用于切取适量的土。

擦擦克林
可随时擦拭干净娃头上的灰。

痱子粉
娃头粘手时撒上痱子粉，让娃头表面变得干爽不粘手，便于对娃头进行塑形处理。

泡沫球
在采用内芯添肉法制作娃头时,当作内胚使用。

玻璃眼珠
OB11娃娃和BJD娃娃的眼睛配件。

自粘锡纸
用于包裹泡沫球,一起用作娃头内胚。

直尺
用于测量娃头的眼距。

海绵砂纸
在使用开颅模具制作娃头的脸部与后脑勺部件时,用来打磨零部件的接缝,使接缝变得光滑、平整。

④ 其他造型工具

① 开颅模具
② 脖撑
③ 磁铁
④ 橡胶指套

说明:此处工具的编号顺序不等同于后面工具详解中单个物品的展示介绍顺序。

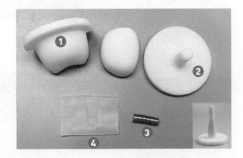

工具详解

开颅模具
采用模具开颅法制作娃头所用的工具。

橡胶指套
将其套在开颅模具上,方便脱模。

磁铁
固定在开颅娃娃的脸部和后脑勺部件上,吸附前后脑,以便随时换眼。

脖撑
展示的两款脖撑皆可用于给娃娃脖子开洞。书中使用的是第一款长脖撑。

⑤ 定型工具——烤箱

下图展示的是常规家用烤箱，用于OB11娃头的烘烤定型。进入娃头烘烤阶段时，可以放一个烤箱温度计在烤箱里，以温度计的实际温度为准进行烤制。烘烤的实际温度为120℃左右，烘烤25~30分钟，等完全冷却后再取出娃头。

烤箱温度计

温度调节旋钮

指示灯

功能旋钮

时间旋钮

烤箱

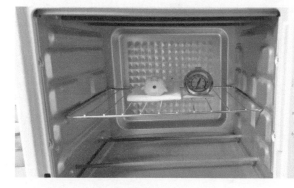

烘烤娃头

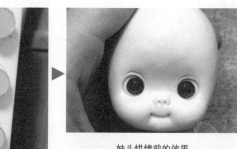

娃头烘烤前的效果

娃头烘烤后的效果

虽然给了大家确切的温度和数值，但是不同的烤箱还是会出现不同的问题，下面给大家列举一些经常出现的问题。

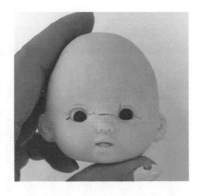

烤裂

相信很多新手都遇到过同样的问题，烤裂的原因可能是娃头的土没有包紧内胚，或者揉土时土里有空气泡，还没有冷却就打开了烤箱，都有可能使娃头出现烤裂。

冰裂

冰裂很可能是揉土的时候没有按压紧实，进入很多小小的气泡，打开每个冰裂的裂缝就会看到一个个小小的空气小坑，烤箱温度不准或者升温过快也容易出现冰裂。

烤糊

烤箱温度设置过高，烤箱的空间过于狭小，娃头与发热管靠的太近，烤制时间过久，都会使娃头烤糊，一定要备一个烤箱温度计时刻观察温度变化，弄清楚烤箱温度的变化过程，才能更好地烤出完美的娃头。

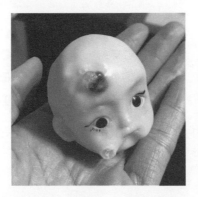

烤制温度高、时间较短，导致烤糊的娃头。

烤制温度高、时间长，从而烤至全糊的娃头，这是有毒的哦。

烤箱牌子不同，大小不同，升温快慢不同，出现的问题也会不一样，要多多和自己的烤箱磨合、实验，让它乖乖"听话"，请注意！

烤制娃头的烤箱，和家里厨房用的烤箱一定要区分开，软陶在正常的烘烤温度（120℃~150℃）下烘烤，并不会产生有毒或刺激性的气体。

但是温度超过200℃时，不但会使成品烧焦、融化，甚至可能引起燃烧，造成氯的刺激性烟雾。

所以软陶在适当的温度烘焙下不会有危险，但不要长时间吸入烘焙时发出的气味。

如果你偶尔要燃烧陶泥，请马上通风，使空气流通。

因为燃烧发出的气体对肺和眼睛是有刺激性的。

这种气体对小动物也有一些害处。

对工具和仪器的小心使用也能避免一些意外的事情。

⑥ 化妆材料与工具

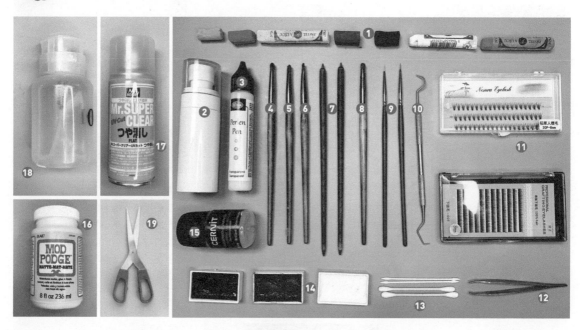

❶ 色粉	❷ 喷水瓶	❸ 珍珠笔	❹ 圆头刷	❺ 自制扁头刷
❻ 扁头刷	❼ 自制小头刷	❽ 圆头刷	❾ 00000号勾线笔	❿ 牙医弯头针
⓫ 睫毛	⓬ 镊子	⓭ 棉签	⓮ 颜彩	⓯ 亮光油
⓰ 白乳胶	⓱ 消光	⓲ 洗甲水	⓳ 剪刀	

说明：此处材料与工具的编号顺序不等同于后面材料与工具详解中单个物品的展示介绍顺序。

材料与工具详解

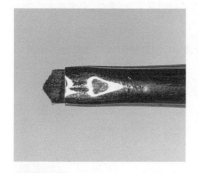

自制扁头刷
用于给眉毛或嘴巴刷色粉，上底妆。

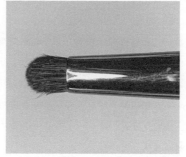

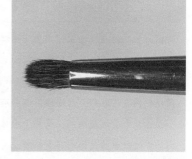

圆头刷
两支圆头刷分别用于蘸取色粉刷腮红和蘸取白色色粉涂抹在眉眼区域，以便上颜彩时更加顺畅。

扁头刷

用于画眉。

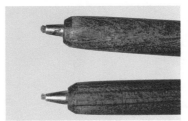

自制小头刷

用于画眉或处理嘴巴细节。

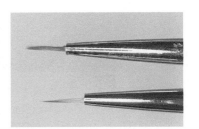

00000号勾线笔

用于蘸取颜彩勾画眼线、眉毛，以及给眼睛、鼻头、唇部涂亮光油等。

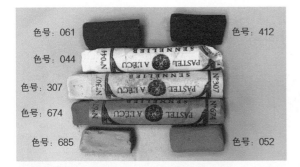

色号：061   色号：412
色号：044
色号：307
色号：674
色号：685   色号：052

申内利尔色粉

用于为娃娃上底妆，与上述各种笔刷配合使用。

色号：10 白色   色号：47 焦茶   色号：34 红橘

颜彩

颜色柔和，可溶于水，但固色能力稍差，与勾线笔搭配使用，用于画极细的眉毛或嘴唇细节。

睫毛

8mm睫毛（上图左），用作大眼睛娃娃的睫毛；棕色5mm下睫毛（上图右），修剪后可以用作小眼睛娃娃的睫毛。

消光

给娃娃定妆使用。具体用法为：素头先喷一次消光，上完一层妆后再喷消光定妆，接着再上下一层妆，喷消光定妆……如此重复。

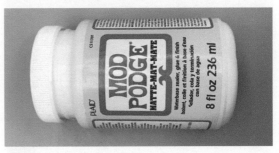

白乳胶

用于粘睫毛，粘头发制作发排。

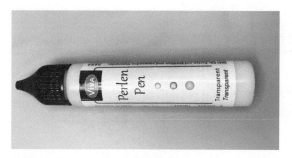

珍珠笔

用于制作娃娃流出的口水、眼泪等效果。

洗甲水

用于擦去色粉和卸妆。

亮光油

给妆容增添透亮感，主要涂抹在眼睛、嘴唇等位置。

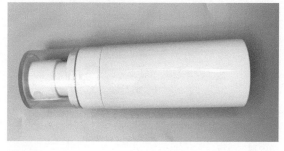

喷水瓶

用于打湿颜彩表面，以便勾线笔蘸取颜彩为娃娃上妆。

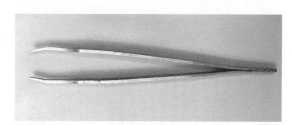

镊子

用于夹睫毛，固定睫毛。

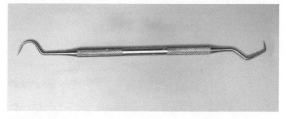

牙医弯头针

用于处理细节，如去除眼珠上因喷上消光后产生的薄膜，让眼睛变得清亮，以及挑出发缝等。

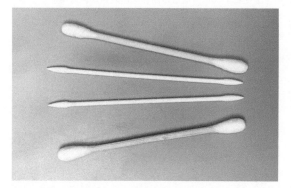

棉签（圆头+尖头）

圆头、尖头两种棉签头，用于清洁娃娃面妆。本书中使用的是尖头棉签。

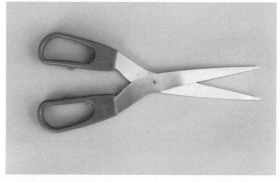

剪刀

主要用于修剪眼睫毛的长度。

⑦ 头发材料与工具

- ❶ uv照灯
- ❷ 马海毛发排
- ❸ 小羊毛卷
- ❹ 山羊毛
- ❺ 网纱
- ❻ 黄胶
- ❼ 保鲜膜
- ❽ 硅胶刷
- ❾ 小钢刷
- ❿ 直板夹
- ⓫ 星胶（uv胶）
- ⓬ 发胶
- ⓭ 透明袋
- ⓮ 小皮筋
- ⓯ 硬衬布
- ⓰ 剪刀
- ⓱ 缝纫机

说明：此处材料与工具的编号顺序不等同于后面材料与工具详解中单个物品的展示介绍顺序。

材料与工具详解

马海毛发排
质地柔顺有光泽，制作出的头发有很好的质感。

小羊毛卷
用于制作带有自然卷效果的头发，让娃娃看起来软萌、可爱。

山羊毛
用卷卷的山羊毛制作短发，会非常自然服帖。

保鲜膜
制作头发时将其贴在素头的头皮上，以保护娃头。

网纱
做头壳使用。

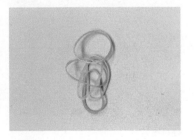

小皮筋
用来绑住、固定头壳。

黄胶

用来制作短发发排以及粘头发等。

星胶（uv胶）

与网纱搭配使用制作头壳。

直板夹

用来烫制直发排。

小钢刷

打理发排。

硅胶刷

刷胶工具，在书中用于刷星胶、白乳胶等。

发胶

用于打理发型。

透明袋

制作发排时使用。将毛发放在透明袋上后再刷白乳胶，以免弄脏桌面。

uv照灯

与星胶搭配使用，涂抹星胶后都要放在uv照灯下将胶烤干。

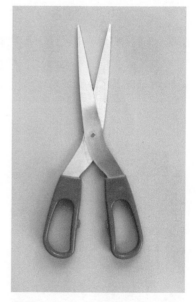

剪刀

主要用于修剪头发的长度。

硬衬布

材质偏硬，能在制作娃头发缝时用于支撑起发片。

缝纫机

家用小型便携式缝纫机，可以将两片发片缝合为一整片头发，从而做出娃娃的假发部件。

第 2 章

OB11娃头造型技法

有了制作材料与工具，还需要掌握造型技法。

本章详细介绍了娃头制作使用到的造型技法，

这些技法能帮助我们捏制出头形完美的娃头。

揉

"揉"属于娃头整体造型的技法之一,而OB11娃头的制作主要就是揉土。揉土(包括混土),要用手尽可能地把土按压紧实,反复揉,充分挤出土里的气泡。

制作娃头前的揉土阶段是非常关键的,不能偷懒,不然在制作过程中土容易产生气泡和冰裂。

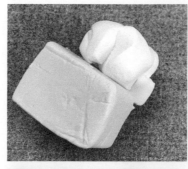

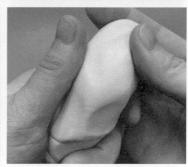

揉土技巧分享

对于新手来说,揉土会比较费力,也容易伤手。下面给大家分享两种快速揉土的方法。

方法 1: 化大为小

先用刀片将大块的土切成小碎块或是小薄片,然后再合在一起揉,这样的土会更好揉。

方法 2: 加软化剂

如果土太硬,可以滴一滴软化剂在土里(不要滴太多),使土软化,然后再揉土。

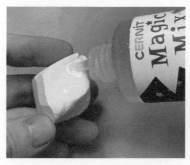
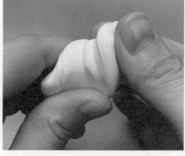

② 搓

"搓"也是对娃头进行整体造型的技法之一,这个塑形手法大致有以下几种具体操作。

搓大形

制作娃头,需要先把揉好的土搓成圆润的球状。搓球时手掌用力要均匀,让土球在手掌中滚动起来。

搓土添加细节部件

搓小球和细短的土条,放入口腔内做口腔内壁和牙龈。

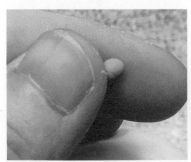 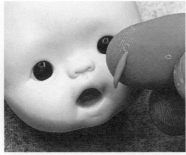 

取适量土搓成小球,略微捏扁后将其粘在耳朵位置,做出娃头的耳朵。制作耳朵的黏土的基本形一定要是球状,这样才能让耳朵造型显得圆润。

  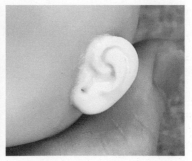

③ 捏

"捏"的塑形手法不仅可以对娃头进行整体塑形，还能进行局部塑形。这个手法主要是通过手指间的配合把娃头的整体形状调整至满意状态。

（捏形）

先整体后局部，循序渐进地塑造娃头。

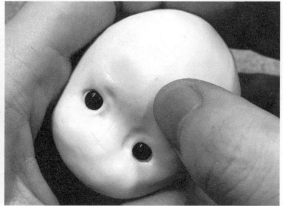

④ 压

用海绵头压的技法在娃头塑形里很常用，如同用一个很小的手指压出想要的效果，常用于眼睛周围、嘴巴周围等细节部位的造型。

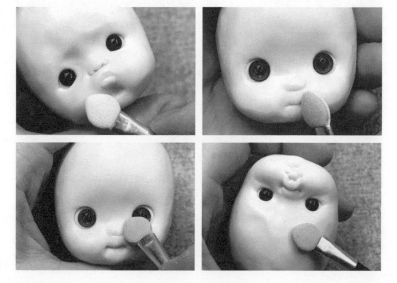

5 刻

"刻"在娃头造型中是精细雕刻造型的一种塑形手法，往往在"搓""捏"等略微粗糙的塑形手法后使用，常用于脸部特征及五官造型的细致刻画。

"刻"分面部比例

在面部轻轻刻画出娃头面部分区，以便于准确把握眼眶、鼻子、嘴巴在面部的位置。

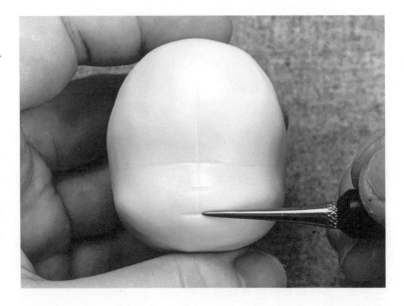

调整五官特征及细节

利用各种塑形工具，对娃娃五官反复多次地进行刻画，做出我们想要的五官效果。

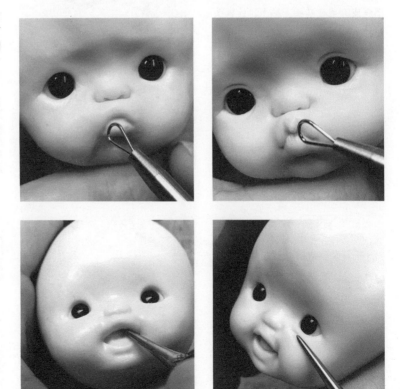

6 粘

在制作OB11娃头的过程中，常常会"粘"一些零部件，通常软陶土有一定黏性，但是当土经过烘烤后黏性就降低了，因此需要借助胶水让相互粘贴的部件能够牢牢粘住。下面看看"粘"的一些相关操作。

"粘"嘴部细节

搓一个小圆土球粘在嘴窝里，从而塑造嘟嘟嘴的嘴形。

像嘟嘟嘴这类比较特别的嘴形，与头部一起制作会很麻烦，也不易出效果，因此单独粘土制作嘴部特征是非常好的方法。

 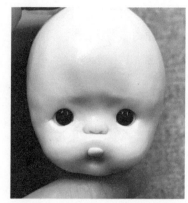

"粘"土以完善或修补娃头形状

把土粘在头部内芯上，做出头部表皮，或在娃头上粘土，让娃头形状更饱满。

 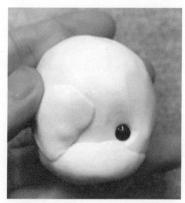

"粘"耳朵

把耳朵基础部件粘在经过烘烤的娃头上，这一步需要借助软陶黏合剂，用黏合剂将耳朵牢固地粘在头上。

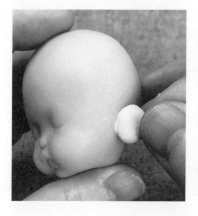 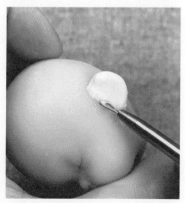

7 切

"切"在OB11娃头的塑形里属于辅助手法。在制作娃头的整个过程中，通常有以下3种情况会使用"切"这个手法。

切土

制作OB11娃头前，要在整个土块上切取适量大小的土，然后再进行娃头造型的整体塑造。

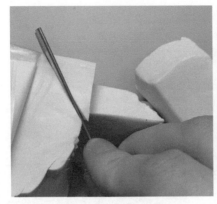 

补土

制作OB11娃头的过程中，发现娃头整体的土不够时，可以用刀片切出边缘薄、中间厚的土片，贴在缺土的娃头部位进行补土。

   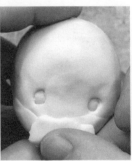

削灰

在制作OB11娃头的过程中，发现混合成的土团上有灰尘或小毛絮时，可以用刀片将粘上灰尘或小毛絮的土团表面削去。

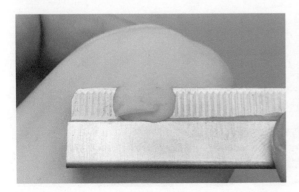 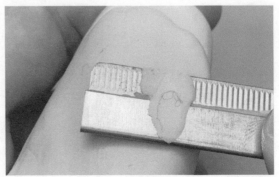

 挖

"挖"的塑形手法有挖洞、戳洞、掏孔等意思，制作OB11娃头时，通常借助丸棒或圈头尖头笔等塑形工具来完成娃头眼眶、嘴形等的制作。下面来看看"挖"的相关操作吧。

处理眼眶

情况1

利用多种尺寸的丸棒工具，在用整体推肉加眼法制作娃头时，直接挖出眼眶，挖前需找准眼眶的位置。注意：使用内芯添肉与模具开眼法制作娃头时除外（有对应的处理眼眶的方式）。

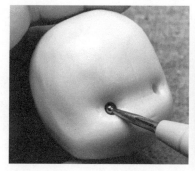 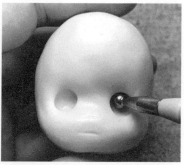

情况2

当使用内芯添肉与模具开眼这两种方法制作娃头时，可以根据已经确定好的眼睛位置，用工具挖出眼眶。

处理嘴形

利用多种塑形工具（丸棒、圈头尖头笔等），直接在娃头上挖出嘴形（见下图）。

  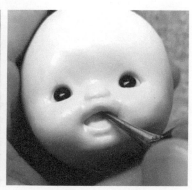

第 3 章

3

OB11娃头
制作方法

本章重点介绍了 3 种制作 OB11 娃头的方法，
以及娃头面部表情的塑造手法，还在 3 种方法
中各选了一款娃头进行上妆展示。由于 OB11
娃头的妆面效果变化不大，因此给娃头上妆时
主要表现出娃头如婴儿一般的皮肤。

① 整体推肉加眼法

此方法适合闭着眼睛或者眼睛小的娃头，通过软陶土的推动、揉捏进行整体造型，无须额外加土。比利时透肤色的土在烘烤以后，土色通透，像极了婴儿的肌肤。

◆ 整体推肉加眼法解析

整体推肉加眼法，主要是通过刻、压、揉、捏等手法对娃头进行塑形，从而得到想要的头形，其大致流程见下图。

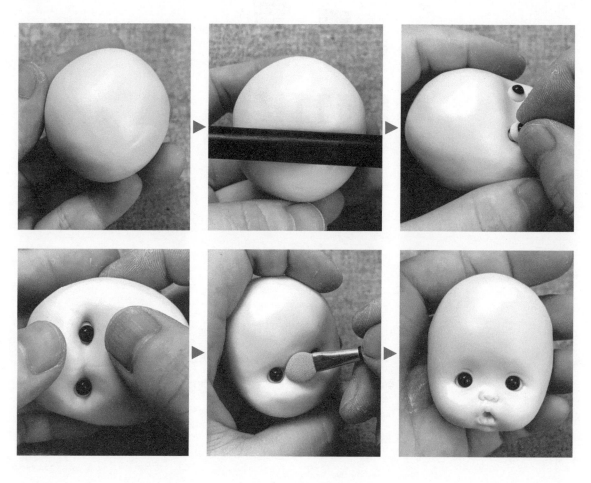

总结

在使用这个方法前，需要我们对娃头的最终效果有确定的想法，这样才能更准确地塑造娃头的造型。所以，捏之前在心中一定要有一个准确的目标头形，再用适宜的手法和足够的耐心，一点点捏出心中所想的娃娃。

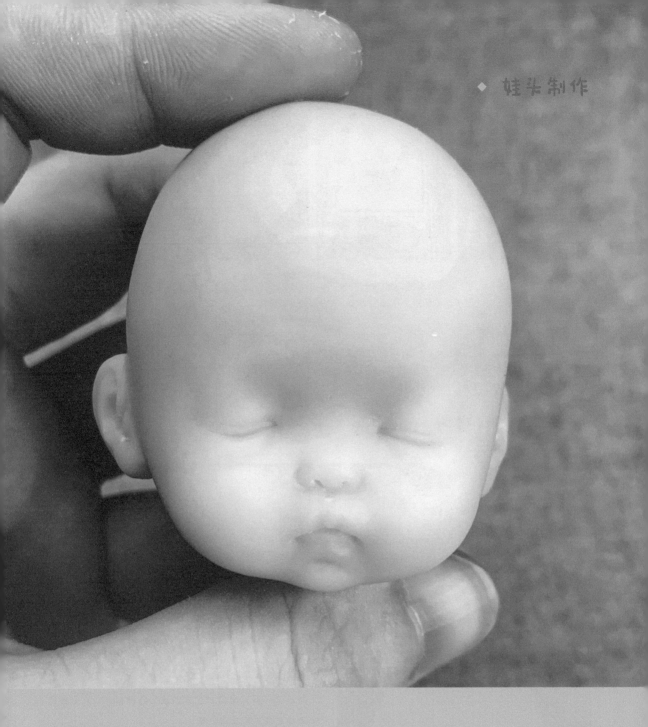

「眠宝」

制作难度解析

对于制作OB11娃头的新手来说，制作一个眠宝，掌握娃头的五官比例很重要，头形也是需要注意的点。如果可以把握好头形，并在脸部留出很多的土，那么制作出一个胖乎乎又奶气的眠宝，就会变得比较容易。

如果后期想要给眠宝添加睫毛，可以把眼缝加深一些。

制作头形

分别准备肤色软陶土40g、半透白软陶土20g，将二者均匀混合调出婴儿肤色，并把土揉成一个圆润的球（共60g）。混土时，用手尽可能地把土按压紧实，挤出土里的气泡。

用刀在配好的土上切下一小块，留着做耳朵。注意：本章制作的所有娃头，都需在调和的娃头土量里切下0.8g用于耳朵的制作。制作小眼睛或没有内胚的娃娃时，娃头所用土量克数为55~65g，我们可以预留一点土，后期做耳朵或对瑕疵进行修补。

拿一根圆柱形笔杆在头的1/2偏下位置往下压，用手指把上半部分往后推，让额头部位比脸部低一些，突出肉肉的脸蛋，这样就得到一个圆圆的小脸蛋了。

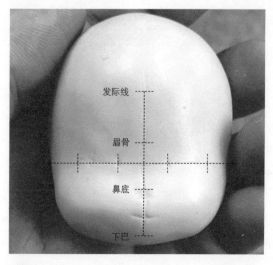

发际线

眉骨

鼻底

下巴

如何确定五官位置

与绘画一样，运用"三庭五眼"的面部五官基本法则来确定娃头的五官位置。

三庭：指脸的长度比例，把脸的长度三等分，从前额发际线至眉骨，从眉骨至鼻底，从鼻底至下巴，各占脸长的1/3。

五眼：指脸的宽度比例，以眼睛长度为单位，把脸的宽度五等分，从左侧发际线至右侧发际线为五只眼睛的长度。两只眼睛间距一只眼睛的长度，两眼外侧至两侧发际线各为一只眼睛的长度，各占脸宽的1/5。

参照"三庭五眼"五官确定法则，用圈头尖头笔的尖头在面部区域标出娃头的五官位置。

面部整体塑形

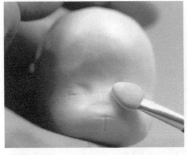 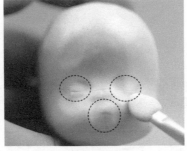 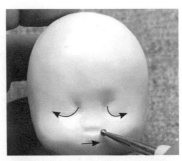

Step 05 用海绵头先压出上眼窝，再压出下眼窝，并确定鼻子和嘴巴的大概位置。

Step 06 用小号丸棒依次加深眼窝、鼻翼。

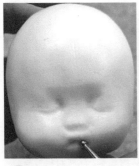 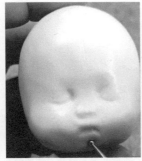 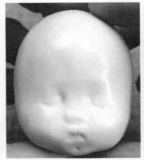 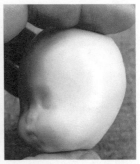

Step 07 用小号丸棒先在嘴部区域戳出一个小窝做嘴巴，再在嘴巴下方戳一个窝做唇窝。

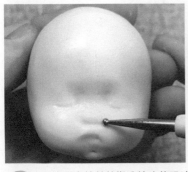 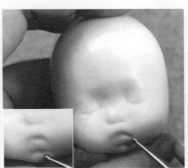 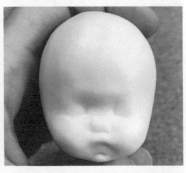

Step 08 用小号丸棒继续塑造娃头的眼睛、鼻子、嘴巴、唇窝部位的造型。注意：对面部五官的造型是一个反复调整的过程，需要一遍又一遍地重复塑形。

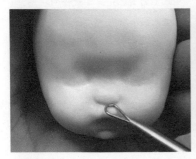 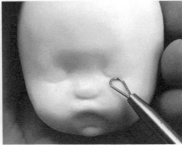 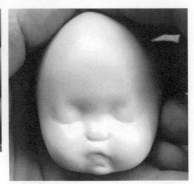

Step 09 用圈头尖头笔的圈头加深鼻底和眼缝。

深入刻画嘴唇、鼻子、眼睛

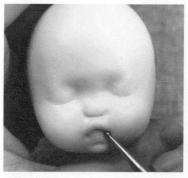 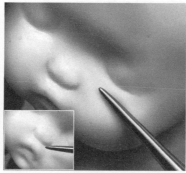 

Step 10 用小号丸棒深入刻画娃头的嘴唇造型，再用圈头尖头笔的尖头调整鼻形、压出眼部卧蚕。

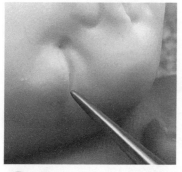

Step 11 用圈头尖头笔的尖头加深眼缝。

小提示

此处使用了自制工具——刻画细节的粗针（见下图），此工具可以把需要刻画的地方再刻画出细节。

选择针头偏钝的十字绣针加工制作，针尾部用软陶包裹，经烤箱烘烤后，拿取十分方便。

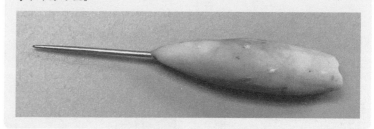

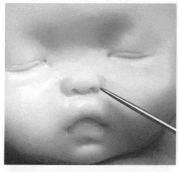

Step 12 用刻画细节的粗针加深鼻翼，强化鼻形结构。

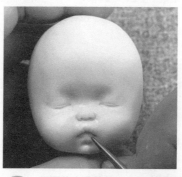

作者语：眠宝的嘴形特征

眠宝的嘴巴是正常放松的状态，嘴形特征为上嘴唇比下嘴唇更向外凸。塑形过程中在塑造嘴巴结构的同时，可以加一些唇纹丰富嘴巴细节。

Step 13 用圈头尖头笔的尖头刻画嘴唇细节（唇纹、嘴角），使嘴唇更加精致。到这里，娃头的面部造型大致就被塑造出来了（注意把握头形）。接下来，送进温度为120℃的烤箱内烘烤25分钟左右，定型，等凉透后再取出。

Step 14 经烤箱烘烤后软陶土会变色。娃头的耳朵要在头部烘烤定型后再添加，烘烤效果见右图。

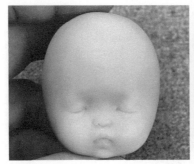

添加耳朵

制作提示

本书制作的所有娃头，其耳朵做法相同，因此本案例展示出详细的耳朵制作过程后，后文中其他娃头的耳朵便不再给出制作过程，直接展示添加耳朵后的头部效果。

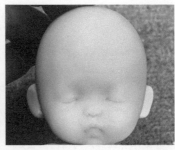

 Step 15 先把预留的0.8g软陶土搓成两个0.4g的小球备用，再把软陶黏合剂滴在耳朵位置，然后贴上两个小球。注意：耳朵的上端大致与眉骨在同一高度，下端大致与鼻底在同一高度，两边耳朵的高度相同。

Step 16 用圈头尖头笔的圈头把耳朵周围的软陶土抹在头上，使耳朵与头部的衔接处变得平滑（注意耳朵后面也要抹平）。再用手大体捏出耳朵造型（耳朵要立起来，不要贴在头上）。

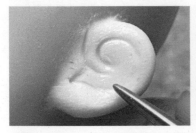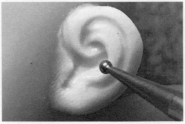

Step 17 用最小号的丸棒先塑造出耳朵的结构，再用中号丸棒初步刻画耳窝和外耳轮（可以参考婴儿耳朵的图片刻画耳朵的结构）。

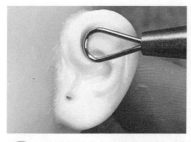  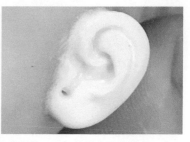

Step 18 分别用圈头尖头笔的两端，深入刻画眠宝的耳朵结构，完成其中一只耳朵的制作。用同样的方法做出另一只耳朵，完成后将其送进温度为120℃的烤箱内烘烤约25分钟，定型（头部烘烤了2次）。

戳脖洞时，先用小号九棒戳出孔洞进行定位，再用大一点的九棒和脖撑慢慢加深脖洞，这样就不会让脖洞周围的土出现裂纹。

脖撑工具来自原创作者——AnnAnn 手作。

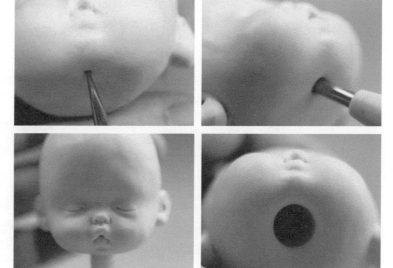

Step 19 在离下巴8~10mm的位置，戳出约15mm深的脖洞。先用细小的尖锐工具定位，再用脖撑慢慢戳进去，避免脖洞周围的土裂开。

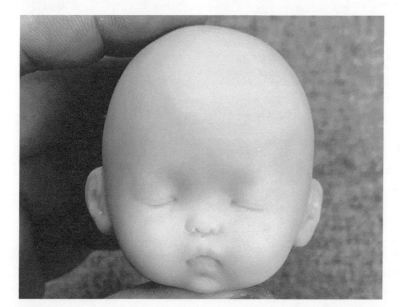

Step 20 至此，眠宝头部整体制作完成，接下来便可以进行打磨、上妆等操作。

「 小眼睛笑脸宝宝 」

制作难度解析

　　小眼睛笑脸宝宝的嘴巴张开，从侧面看，也是上嘴唇比下嘴唇更外凸。笑的时候，嘴角往后，脸上的肉会挤在一起。

制作头形

 参考眠宝的土色调配，准备60g的土并将其揉成一个球（记得留出0.8g的土量做耳朵），然后拿一根圆柱形笔杆在头的1/2偏下位置压出眼窝，随后用手指把脸部上半部分往后推，调整形状，这样就得到一个圆圆的小脸蛋。

添加眼睛

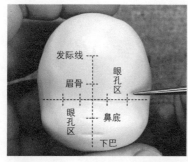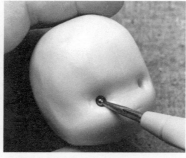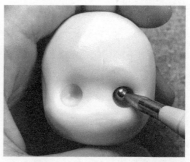

根据"三庭五眼"五官确定法则，用圈头尖头笔的尖头在面部标出五官位置，然后用大、小号丸棒在眼孔区戳出眼孔。戳眼孔时，先用小号丸棒定位，再用大号丸棒加深，同时扩大眼孔。

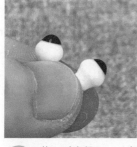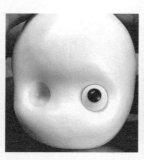

将一对直径8mm、虹膜4mm的玻璃眼珠插入眼孔，注意调整眼珠的转向。然后用软头笔的切面头调整上眼眶的形状，做出最终的眼睛造型。

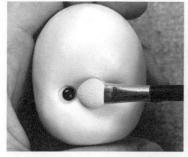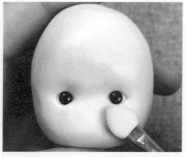

 用海绵头调整眼窝形状以及脸形。

塑造嘴巴和鼻子

Step 05 先用软头笔的尖头确定鼻子与嘴巴位置的最低端,再用最小号的丸棒做出基本鼻形。

 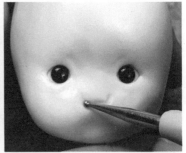

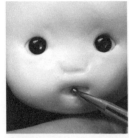   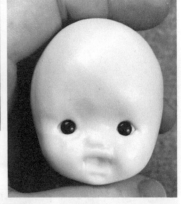

Step 06 用最小号的丸棒戳出嘴巴张开的大概形态,再换中号的丸棒扩大嘴形,并戳出唇窝,做出小眼睛笑脸宝宝开心大笑时的嘴部形状。

 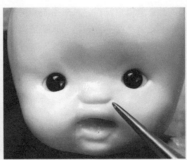 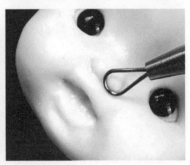

Step 07 继续用小号丸棒调整嘴形,再依次用圈头尖头笔的两端,进一步塑造鼻子的轮廓造型。

   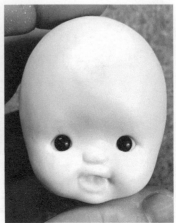

Step 08 用软头笔的尖头、切面头分别刻画小眼睛笑脸宝宝的嘴角和上眼睑,然后用海绵头再次调整眼形及面部形状。至此,面部的大致造型就被塑造出来了,下一步开始精细刻画嘴形。

深入塑造微笑时的嘴形

Step 09 用小号丸棒搭配圈头尖头笔的尖头，刻画嘴唇内部的舌头造型，将舌头与上下嘴唇分开。

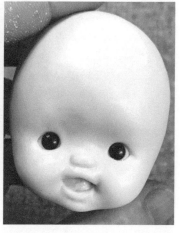

Step 10 用软头笔的尖头调整嘴形，让嘴部的整体效果更自然，最后用圈头尖头笔的尖头调整舌头的形状。到这里，小眼睛笑脸宝宝的面部就被塑造出来了。

作者语：小眼睛笑脸宝宝的嘴形及脸部特征

小眼睛笑脸宝宝的嘴巴张开，从侧面看上嘴唇比下嘴唇更外凸。笑的时候嘴角往后，面部肌肉往上、往外扩展，脸上肉会挤在一起，并且下巴显得更尖。

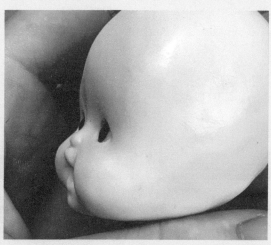

细节调整

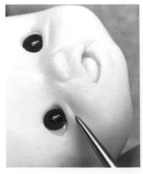  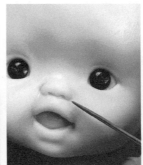 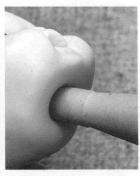

 先用圈头尖头笔的尖头和软头笔的尖头做出双眼皮和卧蚕效果，再用刻画细节的粗针戳出鼻孔，随后用脖撑戳出15mm深的脖洞。至此，小眼睛笑脸宝宝的头形制作完成。随后将头部放入温度为120℃的烤箱内烘烤25分钟左右，定型，待冷却后取出。

添加耳朵

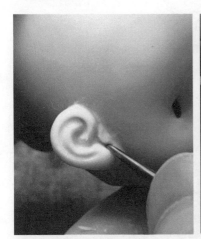 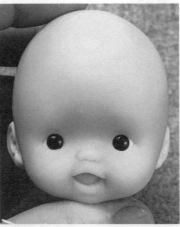

 参考眠宝案例中的耳朵制作方法，用预留的土做出耳朵，完成后再次将头部送进温度为120℃的烤箱内烘烤25分钟左右，定型。

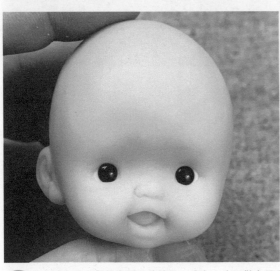 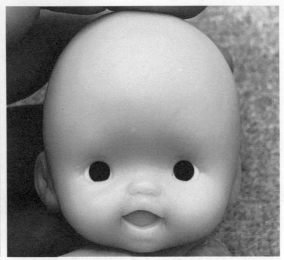

 上图为耳朵烘烤定型后的效果。注意：头形做完需先烘烤定型后再添加耳朵，待耳朵做好再次将头部放进烤箱烘烤，因此整个头部需要进入烤箱两次。

「 小眼睛口水宝宝 」

制作难度解析

新手不太能准确做出上嘴唇的厚度，或太厚，或太薄。上嘴唇可以按照我们的制作过程，预留多一些土，这样就会有空间来细化嘴部，也能给嘴唇的厚薄留有制作空间。

制作头形

 参考眠宝的土色调配方式，准备60g土，将其捏成一个球（留出0.8g做耳朵）。随后拿一根圆柱形笔杆在头的1/2偏下位置往下压，用手指把上半部分往后推，这样就得到一个圆圆的小脸蛋。

添加眼珠

 准备一对直径8mm、虹膜4mm的玻璃眼珠，参照"三庭五眼"五官确定法则用圈头尖头笔的尖头，在面部区域大致标出小眼睛口水宝宝的五官位置。

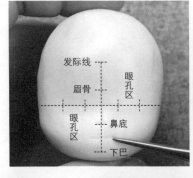 

用中号丸棒在眼孔区戳出眼孔，再把准备好的一对眼珠安装进去。注意调整眼珠的转向角度。

做出面部雏形

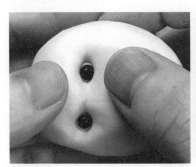 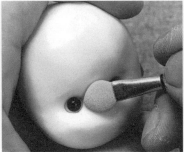 

 先用手大致调整小眼睛口水宝宝的脸形，再用海绵头调整眼窝及面部形状。

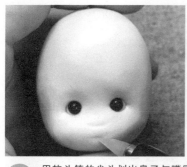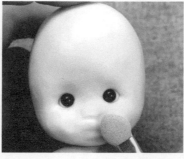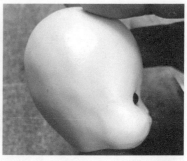

 用软头笔的尖头划出鼻子与嘴唇的大概形态，再用海绵头稍做调整，小眼睛口水宝宝的面部雏形效果大致就出来了。

塑造鼻子、嘴巴、唇窝、卧蚕

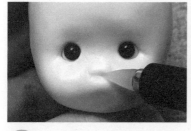

Step 06 用软头笔的尖头塑造鼻头的立体感，再用小号丸棒戳出微张的嘴巴和唇窝。

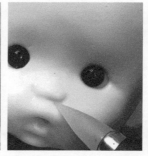

Step 07 用软头笔的尖头搭配小号丸棒继续深入刻画唇窝效果，再塑造出鼻头的立体感和眼睛下方的卧蚕。

深入塑造流口水的嘴形

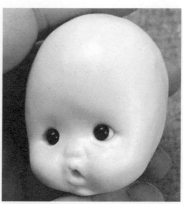

Step 08 用小号丸棒搭配软头笔的尖头塑造流口水时的嘴形。

Step 09 用圈头尖头笔的尖头深入刻画嘴角，随后用小号丸棒压出人中。

整体优化

Step 10 用刻画细节的粗针调整鼻头轮廓，并戳出鼻孔细节。

Step 11 用软头笔的尖头刻画唇纹，用小号丸棒调整舌头，再用软头笔的 尖头划出双眼皮，完成面部整体的细节优化。

作者语：小眼睛流口水宝宝的嘴形特征

微微张开的嘴巴，注意上下嘴唇的厚度，用小号丸棒开口腔的时候，注意力度，一边压出嘴巴，一边推出下唇。

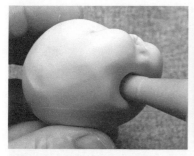  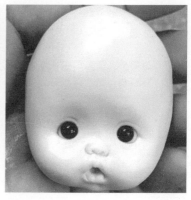

 将脖撑戳入头部大概15mm深，戳出脖洞。至此，小眼睛口水宝宝的头形制作完成。接下来将头部送进温度为120℃的烤箱内烘烤25分钟左右，定型。待烘烤定型后，开始制作耳朵。

添加耳朵

 参考眠宝案例中的耳朵制作方法，用预留的土做出小眼睛口水宝宝的耳朵。制作完成两只耳朵后就可以将宝宝头部送进温度为120℃的烤箱内烘烤25分钟左右，定型。

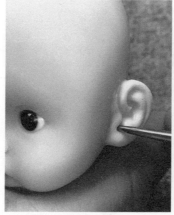 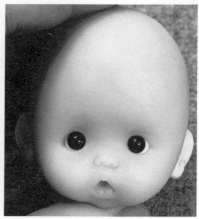

右图为添加耳朵后烘烤定型的效果。注意：头形做完需先烘烤定型后再添加耳朵，待耳朵做好再次将头部放进烤箱烘烤。因此，整个头部需要进入烤箱两次。

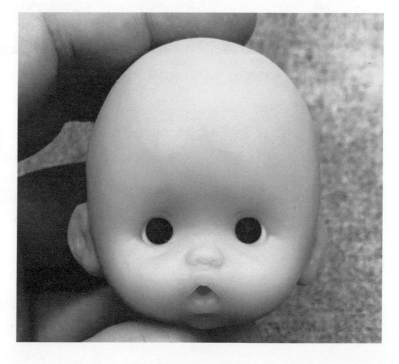

◆ 娃头上妆演示

娃头上妆效果展示

眠宝

眠宝妆容以软萌柔和为主，打造恬静温柔性格的宝宝。妆容稍淡，线条用色也稍浅。

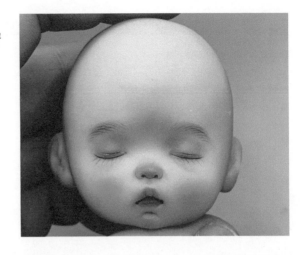

小眼睛笑脸宝宝

用上扬的眉毛和亮亮的嘴巴增加笑容的感染力。

另外，眼珠部分喷上消光后会呈现雾蒙蒙的效果，所以需要用牙医弯头针除掉眼珠上因喷消光形成的膜。

 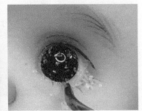

小眼睛口水宝宝

用珍珠笔添加口水让宝宝变得更加呆萌可爱。

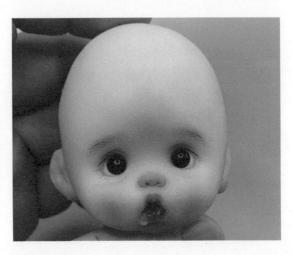

眠宝上妆过程演示

　　OB11 娃头的上妆流程基本一致，具体为：先给娃头喷一次消光，等干后再进行上妆，且上完一层妆面后需再喷消光定妆。注意：每层妆面完成后都需要喷消光定妆。下面以眠宝为例，展示上妆过程。

第一层妆

喷消光

消光摇晃均匀，喷时距离娃头30~45cm。最好选择室外无风的晴天于阴凉处喷，喷均匀后无反光，以哑光磨砂状态为准。眼珠部分喷上消光后呈雾蒙蒙的效果。

 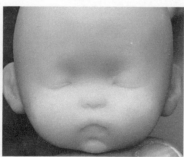

Step 01 用圆头刷蘸取浅粉色色粉，以轻轻打圈的手法，给脸颊、额头等位置上底妆，让颜色慢慢晕染开。

 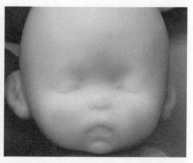

Step 02 用圆头刷蘸取较深的粉色色粉加深上一步的上妆区域的颜色，少量多次，使得腮红晕染自然。

Step 03 用自制小头刷蘸取粉色色粉晕染嘴巴，依旧少量多次，先浅后深。面部色感以颜色过渡自然、加强结构为准。

作者语：自制小头刷

将貂毛笔 M0 号勾线笔剪成小短头，自制而成的一款上妆用的小头刷。

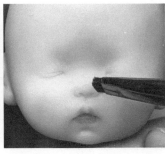
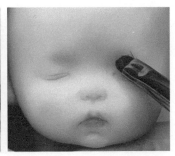

Step 04 用自制扁头刷蘸取浅粉色色粉给鼻头、眼皮以及眉头下方等部位上妆。

Step 05 用自制小头刷蘸取浅棕色色粉涂在眼缝处和唇窝处，强调结构，使面部更加立体。

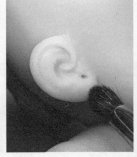
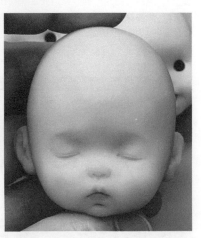

Step 06 用扁头刷蘸取深棕色色粉轻刷眉骨，画出眉毛的大概位置，再用圆头刷轻刷耳垂。第一层妆完成，随后喷消光定妆。

第二层妆

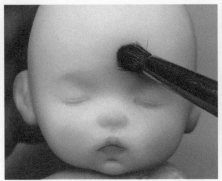
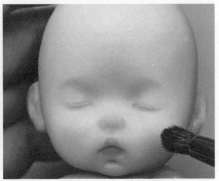

Step 07 第二层妆以加深底妆为主。用圆头刷蘸取深粉色色粉，以打圈晕染的手法加深脸蛋的腮红与额头颜色。妆面以颜色过渡自然、颜色饱和为准。

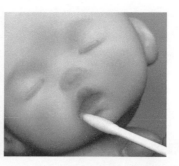

Step 08 用自制扁头刷蘸取深粉色色粉加深唇色。嘴唇上多余的色粉可用尖头棉签蘸水擦干净。

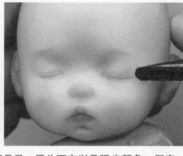
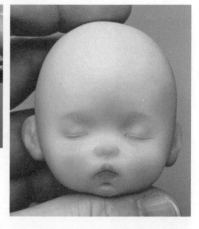

Step 09 继续用上一步的深粉色色粉加深鼻子、眉头下方以及眼皮颜色，即完成第二层妆，同样喷消光定妆。第二层妆主要以第一层妆为基础，逐步加深，以达到想要的效果。

第三层妆

Step 10 第三层妆为线条绘制部分，使用颜彩勾绘。用00000号勾线笔蘸取焦茶色颜彩画出眼缝、双眼皮，给颜彩喷上水就可直接蘸取使用，如需调色可少量取出颜料加水调深浅。

小提示

用颜彩画出的线条柔和细腻，覆盖度也不错。用颜彩可以画到满意的状态再定妆，不满意可以擦得非常干净而不影响底妆。还可以根据加水的多少来决定颜色的深浅，是画妆面线条的首选颜料。

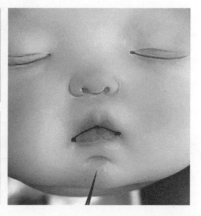

Step 11 用红色加少量焦茶色颜料再加一些水调浅色，用00000号勾线笔蘸取颜料小心地勾勒出鼻孔、鼻翼，增强鼻子立体感。将颜色调深一些勾勒嘴缝。

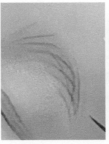

 Step 12 用00000号勾线笔蘸取焦茶色颜彩勾勒出眉毛。画眉毛前先涂抹一层白色色粉，这点相当重要，涂抹后颜彩着色会更顺畅。眉毛形状很多，没有太多绘画技巧，讲究熟能生巧。而且用颜彩画眉可以多次反复，只要大胆细心，终会画出满意的眉毛。

 Step 13 用扁头刷蘸取深棕色色粉，给眉毛再次上色，使眉色深浅得当。

Step 14 勾出细长的焦茶色睫毛（睫毛的勾画也需要多多练习），随后喷消光定妆。进行面部妆容的最后定妆时，消光可以多喷一点。

第四层妆

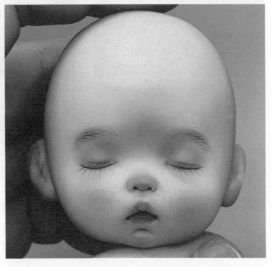

 Step 15 最后，用0000号勾线笔蘸取亮光油涂在眼睛、鼻头和唇部位置。注意：涂得越多越亮，可按想要的妆面效果处理。

② 内芯添肉法

美土与比利时土的结合，可以使制作娃头的过程变得更加轻松、快速。此外，通过添肉、减土的方法可以直接制作肉乎乎的不同表情的娃头。

◆ 内芯添肉法解析

通过内芯添肉法制作娃头时，使用固定眼珠的内胚法。使用内胚法的优点是可以让娃娃的目光更加聚焦，眼睛更加炯炯有神。同时，用这种方法，也能更好地塑造娃娃的头形。此方法大致流程见下图。

总结

使用内胚法的难点在于：制作内胚时两个眼珠的高度和造型要保持一致，以及控制整个内胚在娃头里的具体位置。

「抿嘴大眼宝宝」

制作难度解析

抿嘴大眼宝宝的制作难点在于：抿嘴的嘴形制作，以及在嘴形影响下脸颊肉肉的表现。

用内芯添肉法制作娃头的说明

用内芯添肉法一共制作3个娃头，其头部内胚做法、内胚制作所用材料及所用土色完全相同，区别在于娃头所用眼珠、面部表情设计等内容。因此，本案例会给出详细的土色准备、内胚制作等步骤过程。而按此做法制作的另外两个娃头的内胚，就不再给出详细的制作过程，会作适当删减。

制作头部带眼内胚

Step 01 分别准备肤色、半透白、白色比利时土30g、15g、10g，以及浅肤色色美土5g，将它们均匀混合调出有点透的婴儿肤色（共60g）。混土时用手尽可能地把土按压紧实，挤出土里的气泡。

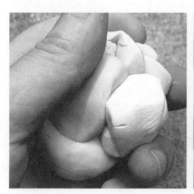 

Step 02 揉土小技巧。揉土时，用手不断按压并通过对折再对折的方式，使土在多次的对折按压中被揉得更均匀。注意：拉扯土时不要拉得太长，否则容易让土里产生大量的小气泡。

Step 03 准备好一个直径为3cm的泡沫球和自粘锡纸。把自粘锡纸包裹在泡沫球上，然后尽可能将表面按压平整。

Step 04 取一块前面揉好的土包裹在锡纸球上（土的厚度在2~3mm），包裹的时候尽量挤出土里的气泡，按压紧实。

Step 05 准备一对玻璃眼珠，眼珠直径10mm，虹膜直径6mm。做大眼娃娃一般都用这种尺寸的眼珠。眼珠有各种颜色、花纹等，大家可以按各自喜好选择。

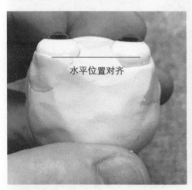
水平位置对齐

虹膜间距为 14mm

Step 06 把眼珠按在内胚下半部分，两个眼珠在同一高度，深度也要保持统一。一个虹膜内边缘到另外一个虹膜内边缘的距离是14mm。

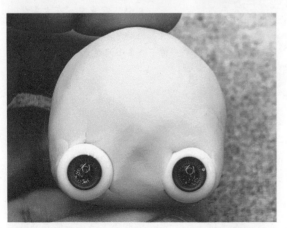

作者语：头部内胚制作说明

制作的时候一定要保持两个眼珠的朝向、深度一致，眼珠很小的差别都会影响后期娃娃的眼神。两个眼珠一定要比额头突出，为后期添肉留余地。

Step 07 眼珠固定好之后，把内胚放在温度为120℃左右的烤箱内烘烤10~15分钟。

 内胚烤好凉透以后添肉做下巴，这样包外皮的时候就会得到有下巴的娃头，省去了在娃头做好后，额外在整个头部外面添肉（加下巴）并抹平接缝的过程。

添加头部表皮

取出一块厚度为3~4mm的土片（注意挤掉里面的气泡），从脸开始往后贴，贴的时候需包严、捏实，排出气泡。注意：贴片时，一定要排出土里的气泡，并第一时间把眼睛的位置找出来，因为一旦包上之后就很难确定眼睛的位置，找不到眼睛的位置就没有办法继续。最终把包好的头的整体质量控制在50~65g。

塑造眼睛、鼻子、嘴巴

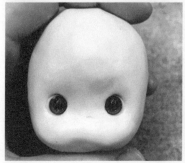 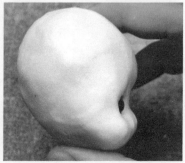

小提示

注意将头型和脸部的肉肉推出来。大型非常重要，在大型做好之前，就去找五官的位置会留下很多小问题。

 确定眼睛位置并用软头笔的切面头把眼珠找出来。注意：眼睛虹膜下方的眼白要露出一点，这样就能找到眼睛的水平线，也能更准确地找到在眼睛水平线下方的鼻底和嘴巴的位置。

Step 11 确保头部中线和眼睛水平线是互相垂直的，眼睛在头的1/2偏下位置，确定好以后找到面部中线，鼻子和嘴巴就自然能确定位置了。

   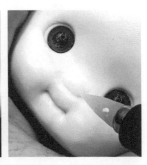

Step 12 用海绵头把嘴角往下压，然后用软头笔的尖头进一步刻画嘴形、调整鼻形。以上操作反复几次，就可以做出圆圆的脸蛋以及抿嘴的嘴形了。

Step 13 用海绵头按压眼睛下方让小脸蛋更圆，接着用软头笔的切面头调整眼眶。至此，确定了头形和眼睛、鼻子、嘴巴的位置，完成面部造型的初步塑造。

Step 14 用海绵头再次下压嘴角，塑造下巴形态，并用自制的刻画细节的粗针再次刻画抿嘴时嘴角的形态。

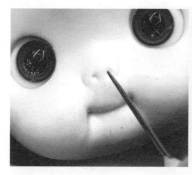 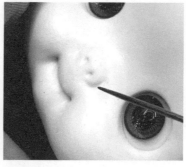

 继续用刻画细节的粗针勾出鼻子的轮廓和鼻孔。鼻子比较简单，没有复杂的造型，但是要注意对称。

 制作双眼皮。用软头笔的尖头轻轻划出双眼皮，多次轻划，且划的时候手不要抖，眼皮要自然、流畅。

作者语：抿嘴大眼宝宝的嘴形特点

抿嘴是一个相对简单的表情，简单的表情表达得好也会使宝宝显得非常可爱。嘴巴在胖胖的脸颊中间向内抿，同时鼻子变成小"猪鼻子"，五官紧凑一点会更显幼态。

找嘴巴大体位置时，要准，准确把握嘴巴的位置以及抿嘴的形态。另外，还要把握娃头整体的外形，做到随时可调整。不要着急细化，以免出现问题要做大范围的调整时做无用功。

挖脖洞与第二次烘烤定型

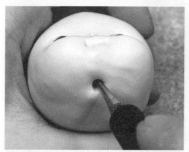  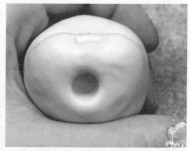

 在离下巴8~10mm的地方戳脖洞，深度在15mm左右。先用细小尖锐的工具确定位置，再用脖撑一点一点地戳进去以避免脖洞周围的土裂开，这样烤出来的脖洞与OB11素体的脖子会比较匹配。

 Step 18 头形做好后将其放入温度为120℃左右的烤箱内烘烤30分钟左右，待凉透拿出。烘烤成功的娃头没有气泡和裂痕，且用手指甲掐上去也没有白色的痕迹。

添加耳朵与最终烘烤定型

Step 19 参考眠宝案例中的耳朵制作方法，用预留的土做出耳朵，完成后将头部送进温度为120℃的烤箱内烘烤25分钟左右定型。

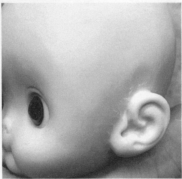

注意

耳朵所用土各为0.4g，添加耳朵时可用软陶黏合剂，少量点在耳朵位置再粘上耳朵，以增加黏合度。另外，两只耳朵的大小、形状要尽可能做得一致。

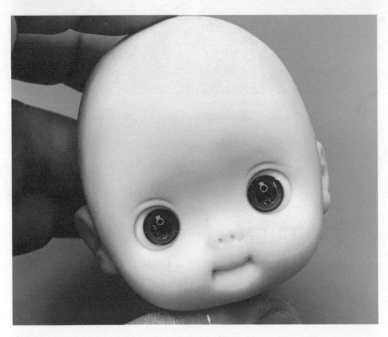

Step 20 左图为添加耳朵后的烘烤定型效果。注意：头形做完需先烘烤定型再添加耳朵，待耳朵做好后再次将头部放进烤箱烘烤。因此，加上内胚的烘烤，整个头部需要进入烤箱烘烤三次。

「生气男宝宝」

制作难度解析

　　生气男宝宝的制作难点在于张开的嘴形与口腔的处理，用粉红色土做出舌头和牙龈，最后做出小牙齿。这个娃头的制作，需要加倍的耐心才能完成。

制作头部基础造型

  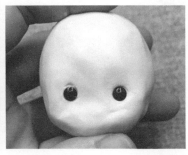

Step 01 参照抿嘴大眼宝宝案例步骤01~07的制作方法，制作生气男宝宝的头部内胚并烘烤，随后加上下巴、包裹头部的外皮（3~4mm的土片），做出生气男宝宝头部的基础造型。

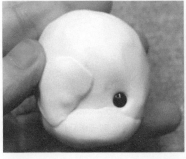 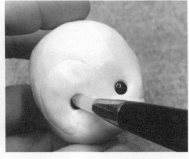 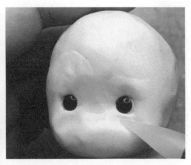

Step 02 上左图的右眼处土不够，需要再加一块按压补上，使左右眼睛周围的土相对匀称。制作过程中，其他地方如果有少土的情况也可以根据情况补土。

小提示：补土

用刀片切出四周薄、中间厚的土片（容易抹平）贴在需要补土的位置，补土过程中不用刻意抹平，因为在补好一块土后还会用手捏很多次才会定型。

若掌握了补土技能，那么塑造娃头的造型就会变得更加顺手，速度也会更快。

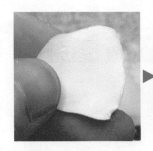 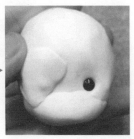

塑造眼睛、鼻子、嘴巴

 Step 03 根据眼睛的定位找到面部的垂直中线，用软头笔的尖头确定鼻子与嘴巴的位置。然后用拇指指腹压出嘴形，用软头笔的尖头标记出左右嘴角的位置。

 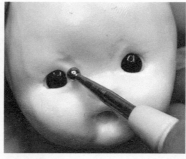 

Step 04 用中号丸棒戳出嘴巴的大概造型，接着压出眼窝。

Step 05 用软头笔的尖头塑造出基本的鼻形，再压出嘴角。随后用小号丸棒按压嘴巴内部，塑造出嘴巴张开时上嘴唇拱起的效果。

Step 06 分别用圈头尖头笔的两端，刻画鼻子的立体感，做出圆润的鼻头。

 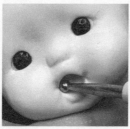 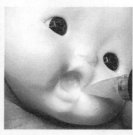

Step 07 先用软头笔的尖头调整下嘴唇唇沟，再用小号丸棒按压嘴巴内部，接着用软头笔的尖头修饰张开的嘴角，完成嘴部外形的塑造。

Step 08 用软头笔的尖头和大号丸棒再次处理眼部细节与形体。

Step 09 眼睛与嘴巴塑形完成。用手调整头部形状，再用刻画细节的粗针戳出鼻孔细节。

 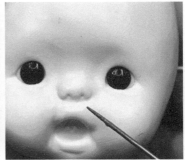

添加舌头与牙齿

Step 10 准备适量粉色土填补在嘴巴内，用中号丸棒按压平整。

 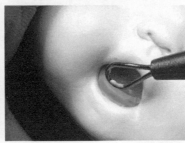 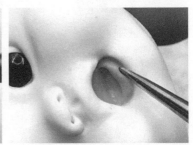

Step 11 准备长条粉色土粘在下唇边缘内侧，并分别用圈头尖头笔的两端调整形状，做出下牙龈。

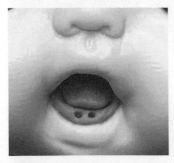 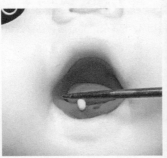 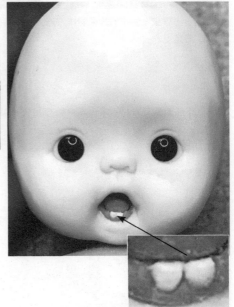

 Step 12 在嘴唇内部添加一块粉色土做舌头，随后用刻画细节的粗针在牙龈上戳两个孔，填充两粒白色土做出牙齿。

作者语：生气男宝宝的嘴形特点

可以看到清晰的牙龈，牙龈上还有两颗非常小的牙齿，做出棱角就能表现出牙齿坚硬的感觉，也能做出宝宝生气时凶凶的嘴部效果。塑造这样的嘴形，不仅是对手作者耐心的考验，更是对手作者眼力的考验。

Step 13 头形做好后将其放入温度为120℃左右的烤箱内烘烤30分钟左右，待凉透拿出。

添加耳朵与最终定型

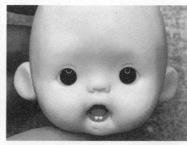

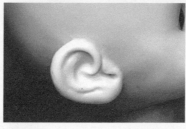

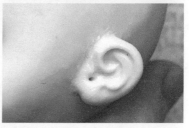

 Step 14 参考眠宝案例中的耳朵制作方法，用预留的土做出耳朵，完成后将头部送进温度为120℃的烤箱内烘烤25分钟左右定型。

注意

耳朵所用土各为0.4g，添加耳朵时可用软陶黏合剂，少量点在耳朵位置再粘上耳朵，以增加黏合度。另外，两只耳朵的大小、形状要尽可能做得一致。

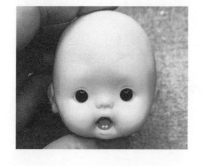

 Step 15 左图为添加耳朵后娃头的烘烤定型效果。注意：头形做完需先烘烤定型后再添加耳朵，待耳朵做好再次将头部放进烤箱烘烤。因此，加上内胚的烘烤，整个头部需要进入烤箱烘烤三次。

「委屈嘟嘴宝宝」

制作难度解析

制作委屈嘟嘴宝宝的难点在于，塑造出嘴巴自然上噘的效果。另外，鼻子与嘴巴的距离、嘴巴土的预留与推移，这些细节的把握也加大了娃头的制作难度。

制作头部基础造型

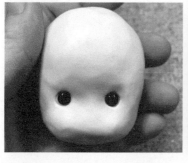
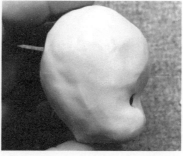

 Step 01 参照抿嘴大眼宝宝案例步骤 01~10的制作方法，做出委屈 嘟嘴宝宝头部的基础造型。

塑造眼睛、鼻子、嘴巴

 Step 02 根据眼睛的定位，找到面部 的垂直中线，进而确定鼻子 与嘴巴的位置。

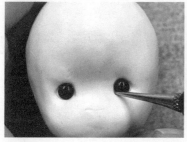
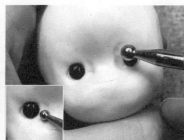

Step 03 用圈头尖头笔的尖头结合不同大小的丸棒修整眼形，同时用手调整眼眶周围形状。

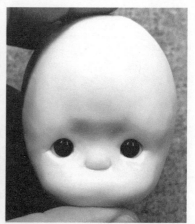

 Step 04 用圈头尖头笔的尖头压出鼻形，再用软头笔的尖头压出眼部卧蚕，随后用海绵头反复按压眼眶、鼻头，再次调整 眼睛与鼻子的形态。

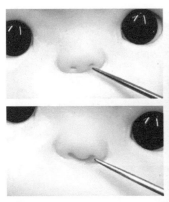
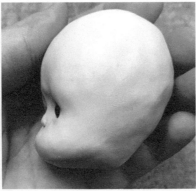
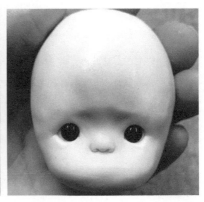

 Step 05 用刻画细节的粗针戳出鼻孔，调整鼻子结构。

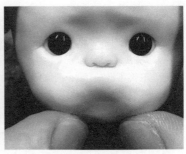

Step 06 先用海绵头压出唇窝，再用大号丸棒戳出嘴窝，同时让脸颊突起。

Step 07 准备适量土搓成椭圆形粘在嘴窝上（即下嘴唇），用来制作嘟嘴嘴形。

Step 08 用海绵头继续调整嘴形，然后用软头笔的尖头深入塑造嘟嘴造型，同时划出宝宝的双眼皮。

作者语：委屈嘟嘴宝宝的嘴形特点

嘟嘴，即嘴巴向前凸出，噘着嘴。

嘴唇整体特征为：上嘴唇有明显凸出的嘴珠，整个嘴唇都向前、向上凸出，嘴噘在一起。这是一种委屈或者撒娇的表情。

挖脖洞与烘烤定型

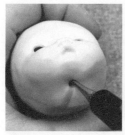

 在离下巴8~10mm的位置戳出约15mm深的脖洞。先用细小尖锐的工具定位，再用脖撑慢慢戳进去，避免脖洞周围的土裂开。

Step 10 头形做好后将头放入温度为120℃左右的烤箱内烘烤30分钟左右，待凉透后拿出。

添加耳朵与最终烘烤定型

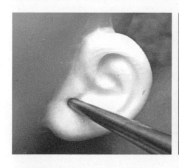

Step 11 参照眠宝案例中的耳朵制作方法，用预留的土做出委屈嘟嘴宝宝的耳朵。耳朵制作完成后再次将头部送进温度为120℃的烤箱内烘烤25分钟左右，定型。

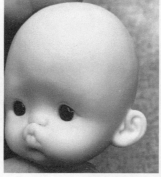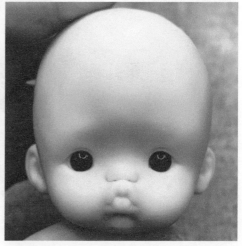

 右图为最终烘烤定型后的效果。注意：整个头部需要进入烤箱烘烤三次，分别在内胚制作、头形制作完成后以及添加耳朵后的这三个阶段。

◆ 娃头上妆演示

娃头上妆效果展示

抿嘴大眼宝宝
抿嘴大眼宝宝的嘴巴结构较少，妆效重点落在眼睛上，因此用了闪闪亮亮的大眼珠。添加睫毛也有放大眼睛的效果。

生气男宝宝
宝宝生气的时候，竖起眉毛大声说"不要"。

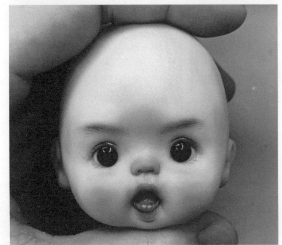

委屈嘟嘴宝宝
不知道因为什么事情，宝宝委屈得嘟起了嘴。整体妆容主要以眉毛的走势表现委屈的感觉。

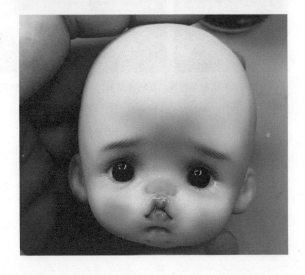

抵嘴大眼宝宝上妆过程演示

本节用内芯添肉法制作了3个OB11娃头，它们的上妆过程基本一致。因此，在此处就以抵嘴大眼宝宝为例，展示本章所做娃头的上妆过程。

第一层妆

喷消光

在室外无风阴凉处，将消光摇晃均匀，距离娃头30~45cm，给娃头喷一遍消光，效果以哑光磨砂状态为准。喷了消光后，娃头原本明亮的眼睛变得雾蒙蒙的。

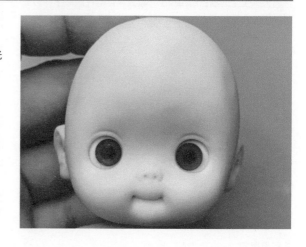

Step 01 用圆头刷蘸取浅粉色色粉，以打圈晕染的方式给额头、脸颊刷一层淡淡的底妆。

Step 02 用圆头刷蘸取较深的粉色色粉加深上一步的上色区域的颜色，随后轻扫耳垂处。上色应少量多次，使得颜色晕染自然。

Step 03 用扁头刷蘸取浅棕色色粉晕染眼部，给眼影打底。

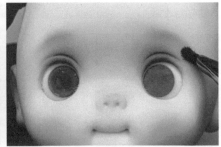

Step 04　用扁头刷蘸取深棕色色粉继续晕染眼部，加深眼影，同时勾出眉毛的位置，完成第一层妆的绘制。随后喷一遍消光定妆。

第二层妆

Step 05　用自制小头刷蘸取较深的粉色色粉画唇色。

Step 06　用圆头刷继续蘸取较深的粉色色粉加深脸颊、鼻头与额头颜色。脸部的颜色以过渡自然、饱和为准。

 Step 07　用自制扁头刷蘸取较深的粉色色粉刷眼底，再蘸取深棕色色粉加深眼影与眉毛，完成第二层妆的绘制。随后喷消光定妆。

第三层妆

Step 08 在画眼线前先在眼皮处刷一层白色色粉，以便上颜彩更加顺畅。

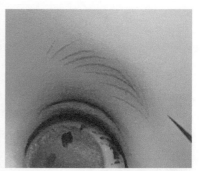

Step 09 给焦茶色颜彩喷一些水，用00000号勾线笔蘸取颜料画出中间粗、两端细的眼线，以及根根分明的眉毛。画眉毛时，可先用浅色绘制，再用深色填补。

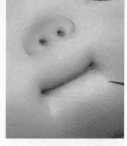

Step 10 在焦茶色颜彩里加大量水调浅颜色，用00000号勾线笔蘸取颜料勾画上、下睫毛。

Step 11 用红色加焦茶色颜彩加水调出浅红色，用00000号勾线笔蘸取颜料填充鼻孔、勾出鼻翼（增强鼻子结构）、画出嘴缝、点出嘴角。第三层妆处理完成，继续喷消光定妆。

第四层妆

Step 12 用牙医弯头针除掉玻璃眼珠上因喷消光形成的膜。随后用笔刷清扫干净，让眼睛变得明亮。

 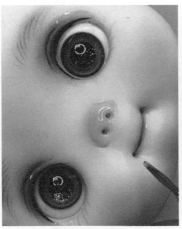 

Step 13 用00000号勾线笔蘸取亮光油涂在眼睛、鼻头和唇部。

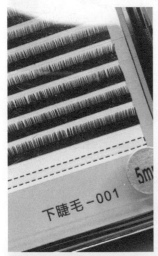  

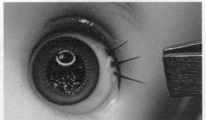 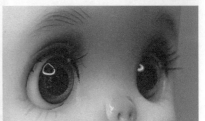

Step 14 最后，选用5mm棕色下睫毛，用剪刀将其剪短，然后用镊子夹取一小撮（一小撮睫毛是2~4根，根据需要拿取），点上白乳胶，粘在眼线处。粘睫毛以达到自然、满意的效果为准。

③ 模具开颅法

此方法需要通过开颅模具来完成，OB11娃娃与BJD娃娃的结合，既有OB11娃娃的特点，也有BJD娃娃可换眼的功能，增加了娃娃的可玩性，是一个非常有想象力的创新。

◆ 模具开颅法解析

采用开颅模具制作娃头，需要先在心里大概确定娃头的头形、头围和眼睛位置。大致制作流程见下图。

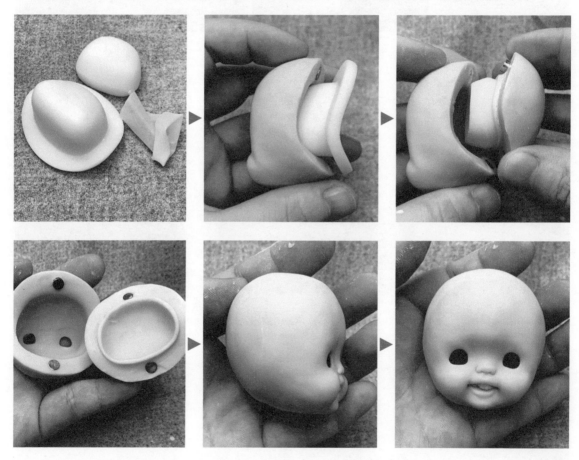

总结

此制作方法更像是一个命题作文，在这些已知条件里加上你的奇思妙想把娃娃补充完整，让这个娃娃变成一个表现你独特思想的娃娃。

脱模的过程也需要非常耐心和小心，不过不要怕做错，多试几次就会成功。

「 嘴巴微嘟委屈宝宝 」

制作难度解析

　　这款娃头的制作难点在于开颅模具的配合使用、脱模的过程以及对娃头五官比例的掌控。相信大家在多次制作的磨炼下，会熟练地使用这款模具，制作出可爱且独特的OB11娃娃。

用模具开颅法制作娃头的说明

用模具开颅法制作3个娃头，其脸部、后脑勺等两部分的初始形状制作使用的工具材料、土色和制作方法完全相同，区别在于每个娃头的面部表情设计。因此，本案例会给出详细的土色准备、脸部初始形状与后脑勺初始形状等制作步骤的详细过程。在另外两个娃头的制作步骤展示上，就会进行适当删减，只展示娃头面部表情的详细刻画过程。

开颅模具处理

Step 01 开颅模具分大小两个，大模具用于制作脸部，小模具则用于制作后脑勺。橡胶指套可以让脱模变得更加顺利，磁铁用于吸附脸部和后脑勺部件，磁铁尺寸为5mm（直径）×3mm（厚度）。

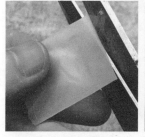

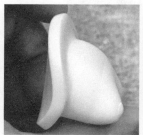

Step 02 剪掉橡胶指套上的手指部分使其形成一个橡胶圈，然后套在用于制作脸部的开颅模具的前半部分，随后处理好模具上的褶皱，效果如上图所示。

脸部制作与开眼

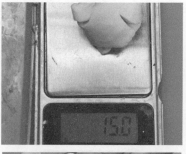

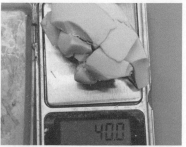

Step 03 分别准备浅肤色、白色美土5g、15g和肤色比利时土40g，均匀混合（共60g）。混土时用手尽可能地把土按压紧实，挤出土里的气泡。

 取出适量调好的土，压成厚度约5mm的土片。

头部包土的过程中要注意把土包得紧实，尽量排出土中的空气，让土与开颅模具能完全贴合。

 沿着大模具的一端开始往上贴，把土片包裹在开颅模具的前半部分（注意开颅模具的上下方向）。一边压一边贴，排出空气，使土与模具毫无缝隙地紧密贴合。

 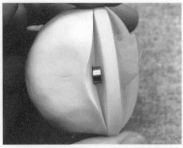

 在脸部开颅模具的上下两个位置分别加上磁铁，一面贴合模具，一面按压在土里。注意：这个部分可以加2个磁铁，也可以加3个磁铁。

  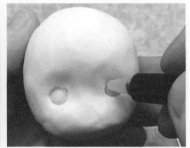

用手轻压眼睛周围，初步找到眼珠的位置，同时找到制作眼眶的参照。随后用软头笔的切面头划出眼眶，注意眼睛的对称与大小的统一。

小提示

模具上的对称凸点就是方便大家寻找眼睛的位置，有了对称凸点作为参照，就可以划出各种各样的眼眶以及不一样的眼距，大家可以灵活使用。

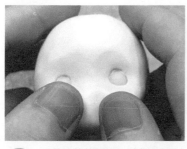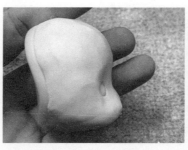

Step 08　用软头笔的切面头划出眼眶后，用手捏出两边大致相同的脸蛋。这时候可以调整脸与头的比例，因为额头与眼睛的高度已经确定，所以脸的长度也可以确定下来。

塑造鼻子、嘴巴、卧蚕

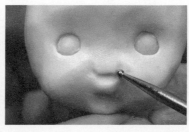

Step 09　用软头笔的尖头确定鼻子、嘴巴的大概位置，再用小号丸棒划出鼻形，用手压出下巴，留出嘴巴的土。这个步骤在于找到鼻子、嘴巴的位置以及表情的大概状态，无须过早细化，等确定鼻子和嘴巴的大致位置是对称后再继续下一步。

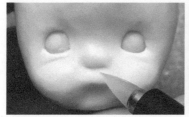

Step 10　简单细化眼睛、鼻子和嘴巴。用软头笔的尖头画出卧蚕，明确鼻子轮廓以及嘴巴大概的大小。

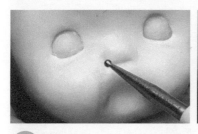

Step 11　这一步是针对鼻子的重复调整，让鼻子轮廓更加清晰，顺便用小号丸棒压出人中。

Step 12　开始更具体的细化。先用小号丸棒戳出嘴部大致动态，再用软头笔的尖头调整唇形。把嘴巴做大很容易，缩小很难，因此一开始戳的嘴形要小一点。

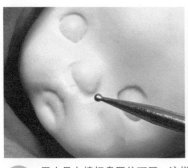 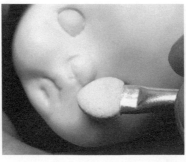 

Step 13 用小号丸棒把鼻翼往下压，这样做出来的宝宝会显得肉乎乎的。接着用海绵头轻压鼻翼，处理好鼻翼和脸蛋的关系，使其过渡自然。

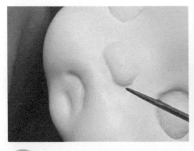  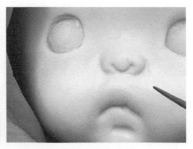

Step 14 用刻画细节的粗针勾画鼻子的轮廓，同时轻戳出两个鼻孔，再用粗针勾出鼻底形状，加强鼻子的立体感。

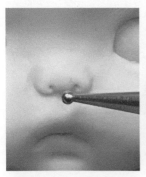 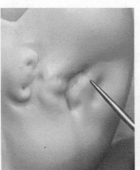 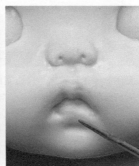 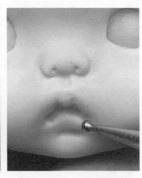

Step 15 细化嘴巴，加深唇缝，达到微嘟状态。先用小号丸棒压出人中与唇缝，再用刻画细节的粗针勾画出下嘴唇的分界位置，使下嘴唇更饱满。

 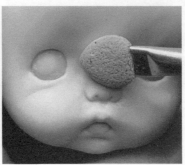

Step 16 用海绵头反复调整面部形体，以达到对称、和谐、满意的效果为准。

作者语: **嘴巴微嘟委屈宝宝的嘴形特点**

这个宝宝的嘴形和眠宝的嘴形很像，嘴唇都只微微张开了一点，制作时要注意嘴巴、人中与上唇的相互关系。

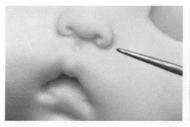
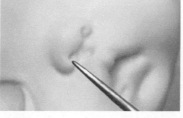

Step 17 用刻画细节的粗针再次调整鼻子细节与形态，以鼻子达到饱满且对称为准。

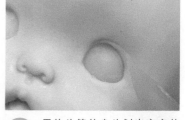

Step 18 用软头笔的尖头划出宝宝的双眼皮。

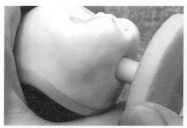

Step 19 在离下巴8mm左右的位置用脖撑工具戳出一个圆润的脖洞。完成后将脸型部件送入温度为120℃的烤箱烘烤25分钟左右，待冷却后取出。

（拆模）

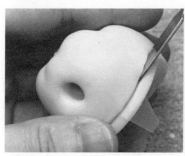

Step 20 拆模时一定要小心谨慎，可以用扁头抹平笔脱模，沿着模具边缘一点一点撬动，切不可生拉硬拽。脱模之后可以对娃头边缘轻轻打磨。

小提示

在拆模后出现瑕疵时（如下图），可以在有瑕疵的地方补土，补好后再次烘烤，待修补完成再进行下一步操作。

此外，如需要对拆模后出现的瑕疵进行修补，却发现一开始调好的土变干，黏性不够。这时，可以在土里加入一些软化剂，让变干的土重新变得湿润且具有黏性。

制作后脑勺

   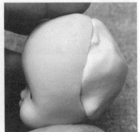

Step 21 将制作后脑勺的模具放入制作好的娃头脸形部件内，随后用前面调好的土进行包裹，补上娃头的后脑部分。

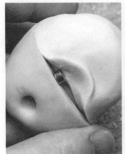   

同样在娃头的上下两端加入磁铁，把后脑调整得圆润饱满、平滑并与脸部过渡自然，再送入温度为120℃的烤箱内烘烤25分钟左右，定型，冷却后再取出。烘烤定型后的效果如上图（右一），颜色发生了变化。

打磨接缝

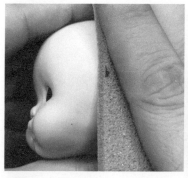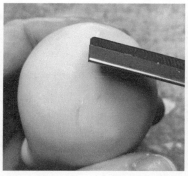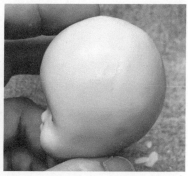

 用海绵砂纸刀片，依次修整娃头脸形与后脑勺部件的接缝处以及不光滑的地方。此处使用的是800目的海绵砂纸。

开取后脑

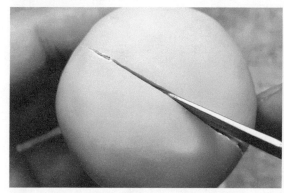

 同样是用扁头抹平笔脱模。从缝隙处小心下压，少力多次，以最小磨损为佳。如果不小心压出瑕疵，可以再次补土烘烤补救。这是脱模时会出现的小风险，同时也是开颅的一个小难点。

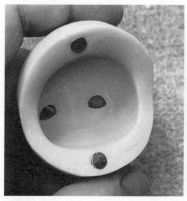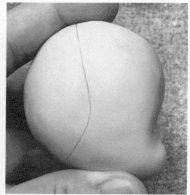

 拿出做好的脸形部件和后脑勺部件，利用部件上的磁铁将其拼合起来，此做法制作的娃头可随时打开。

添加耳朵

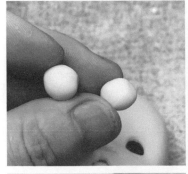 

 Step 26 参考眠宝案例中的耳朵制作方法，用预留的土做出耳朵，完成后将头部送进温度为120℃的烤箱内烘烤25分钟左右，定型。

 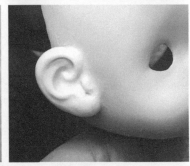

注意

耳朵所用土各为0.4g，添加耳朵时可用软陶黏合剂，少量点在耳朵位置再粘上耳朵，以增加黏合度。另外，两只耳朵的大小、形状要尽可能做得一致。

 Step 27 左图为添加耳朵后嘴巴微嘟委屈宝宝的烘烤定型效果。至此，完成娃头制作。

注意

脸形部件做好后需先烘烤定型，再制作后脑勺部件并烘烤定型，最后添加耳朵后再一次将头部放进烤箱烘烤。因此，整个头部至少需要进入烤箱烘烤三次（修补除外）。

小提示

模具开颅法制作娃头的难点在于开颅的过程中出现瑕疵的概率比较大，反复修补、烘烤也大大增加了制作时间，而没有眼珠作为参照，对眼眶的把控也会出现偏差。但用此方法制作的娃头，能够更换各种好看和各种视角的眼珠，使娃娃显得更加灵气，是值得一试的娃头制作方法。

制作中使用的开颅模具以及脖撑工具来自原创作者——AnnAnn 手作。

「吐舌头调皮宝宝」

制作难度解析

这款娃头的制作难度在于吐舌头时的嘴部特征与吐出的舌头制作。吐舌头调皮宝宝需要先塑造好张开的嘴巴，处理好口腔内部结构，待完全塑造好嘴部以后再加上小舌头即可。

脸部制作与开眼

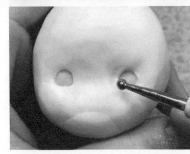
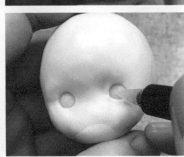

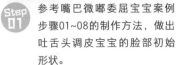
Step 01 参考嘴巴微嘟委屈宝宝案例步骤01~08的制作方法，做出吐舌头调皮宝宝的脸部初始形状。

塑造鼻子、嘴巴、双眼皮

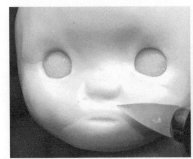
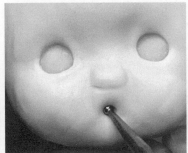
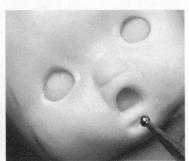

Step 02 用软头笔的尖头确定鼻子、嘴巴的大概位置，再用小号丸棒戳出吐舌头的基本嘴形与唇窝。

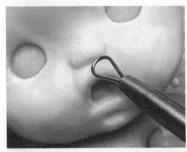

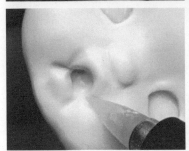
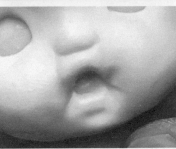

Step 03 简单细化嘴巴。先用圈头尖头笔的圈头加强鼻子与嘴巴的形体效果，再用软头笔的尖头压出嘴张开时的嘴角细节特征，从嘴巴的上下左右四个方向进行细节刻画。

Step 04 用任意一支干净的刷子蘸取痱子粉刷在嘴唇上，让嘴部变得光滑（方便嘴部造型）。然后用最小号的丸棒反复按压嘴唇内部，调整形状，再用软头笔的尖头调整上下嘴唇的形状，明确唇窝造型。

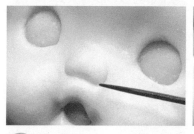 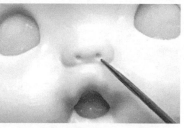 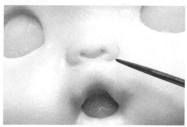

Step 05 用刻画细节的粗针勾画鼻子的轮廓，同时轻戳出两个鼻孔，再用粗针划出鼻底形状。

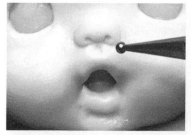 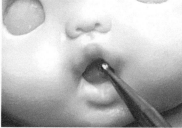 

Step 06 更具体地刻画鼻子与嘴巴。用最小号的丸棒先按压鼻翼加强鼻子的立体感，接着继续调整嘴形，压出上唇唇珠与下唇因嘴巴张开而形成的凹痕，完成张嘴吐舌头的嘴形特征刻画。

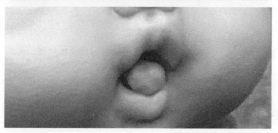

作者语：吐舌头调皮宝宝的嘴形特点

想要吐舌头调皮宝宝看起来更可爱，宝宝的嘴巴就不能做得太大。把嘴巴整体做小一点，再加上小小的舌头，宝宝就会非常可爱。

 Step 07 取适量土搓成条，将其微微弯曲后粘在嘴巴内做出吐舌头的效果。

 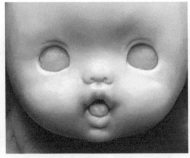 

Step 08 用软头笔的尖头划出吐舌头调皮宝宝的双眼皮，用脖撑戳出一个圆润的脖洞，完成脸形部件的制作。随后将脸形部件送入温度为120℃的烤箱内烘烤25分钟左右，待完全冷却后取出。

拆模与制作后脑勺

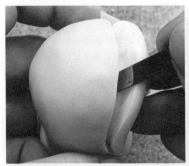 

Step 09 用扁头抹平笔沿着模具边缘一点一点撬动脱模，脱模后可以对娃头边缘轻轻打磨。

  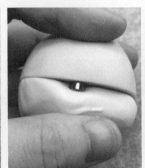 

Step 10 将制作后脑勺的模具放入制作好的娃头脸形部件内，再用土包裹补上娃头的后脑勺部分。同样在娃头上下两端加入磁铁，随后把后脑勺调整得圆润饱满、平滑并与脸部过渡自然。

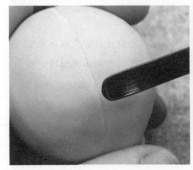  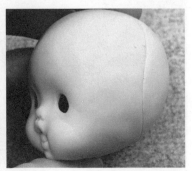

Step 11 后脑勺做好后将头部放入温度为120℃的烤箱内烘烤25分钟左右，定型，冷却后取出继续用扁头抹平笔给后脑勺脱模，再把头部部件组合好。

添加耳朵

 Step 12 参考眠宝案例中耳朵的制作方法，用预留的土做出耳朵。完成后将宝宝头部送进温度为120℃的烤箱内烘烤25分钟左右，定型。

注意

耳朵所用土各为0.4g，添加耳朵时可用软陶黏合剂，少量点在耳朵位置后再加耳朵，以增加黏合度。另外，两只耳朵的大小、形状要尽可能做得一致。

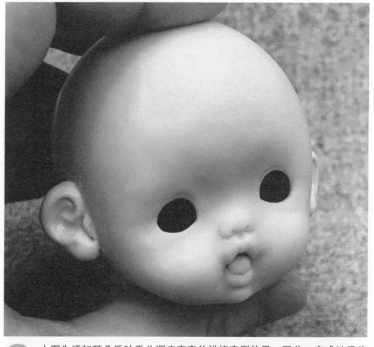

注意

脸形部件做好后需先烘烤定型，再制作后脑勺部件并烘烤定型，最后添加耳朵并再一次将头部放进烤箱烘烤。因此，整个头部至少需要进入烤箱烘烤三次（修补除外）。

Step 13 上图为添加耳朵后吐舌头调皮宝宝的烘烤定型效果。至此，完成吐舌头调皮宝宝的头部制作。

「缺牙笑脸宝宝」

制作难度解析

　　这款娃头的制作难度在于微笑时的嘴形与残缺的牙齿。OB11娃头制作的新手如果能把陷入脸颊的嘴角、微微向前的小尖下巴、后移的下唇等特征都一一掌握，就能制作出一个缺牙笑脸宝宝了。

脸部制作与开眼

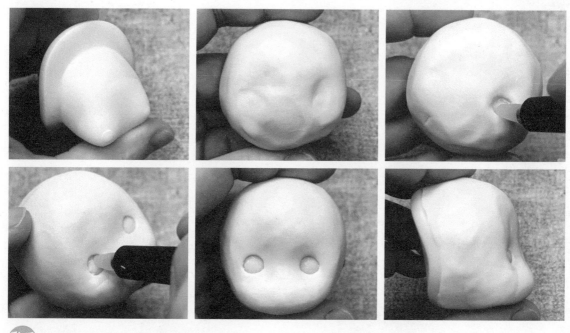

Step 01 参考嘴巴微嘟委屈宝宝案例步骤01~08的制作方法，做出缺牙笑脸宝宝的脸部初始形状。

塑造微笑露牙的嘴形

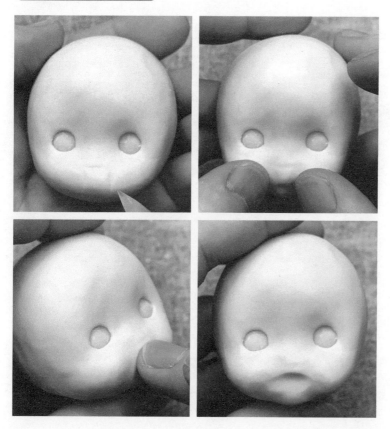

Step 02 用软头笔的尖头确定鼻子、嘴巴的大概位置，接着用手先捏出两边大致相同的脸蛋，再压出嘴窝，做出微笑时脸颊嘟起的效果。此步骤主要是确定鼻子、嘴巴位置和嘴巴表情的大概形态。

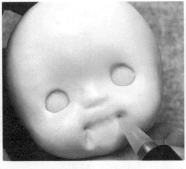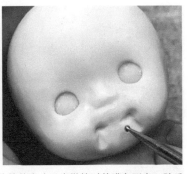

Step 03 简单细化鼻子和嘴巴。选大号丸棒先在嘴里划出唇缝、调整鼻形，再用软头笔的尖头压出微笑时的嘴角形态，随后用小号丸棒简单划出嘴唇形状、压出鼻根处的凹痕，明确鼻梁造型。

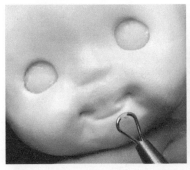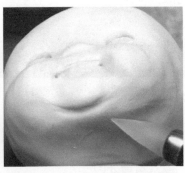

Step 04 用圈头尖头笔的圈头先划分出上排牙齿的区域，再用软头笔的尖头进一步明确上排牙齿的形态，并划出下巴形态。本案例设计制作的缺牙笑脸宝宝，在微笑状态下只露出了上排牙齿。

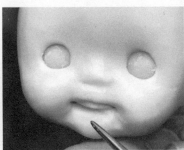

Step 05 用软头笔的尖头搭配圈头尖头笔的尖头继续刻画上排牙齿的整体形态，然后用软头笔的尖头压出下嘴唇的形状。

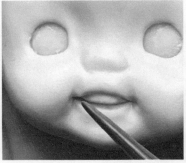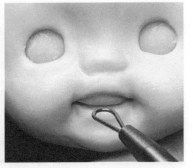

Step 06 依次用小号丸棒、圈头尖头笔等造型工具，对上排牙齿的整体形态和下嘴唇的内外区域，进行反复调整与细致刻画。

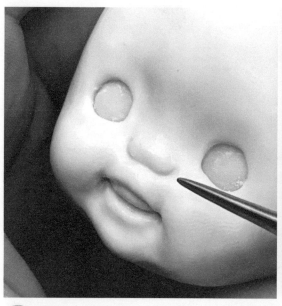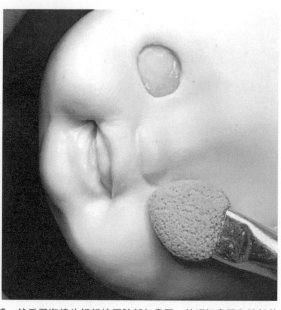

Step 07　用圈头尖头笔的尖头深入刻画鼻子，加强鼻子的立体感。然后用海绵头轻轻按压脸部与鼻翼，处理好鼻翼和脸部的关系，使其过渡自然。

深入塑造牙齿

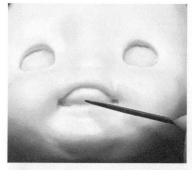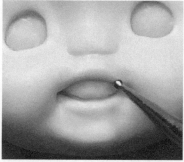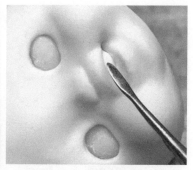

Step 08　这一步是针对嘴巴深入塑造前的重复塑形动作，使嘴巴轮廓、牙齿部分的形态能更加清晰。用刻画细节的粗针、小号丸棒、尖头抹平笔依次对嘴巴、牙齿深入塑形。

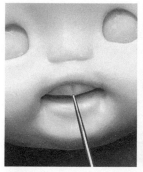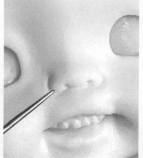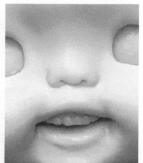

Step 09　用刻画细节的粗针先划出一颗一颗的牙齿形态，再做出鼻孔细节，塑造鼻翼。

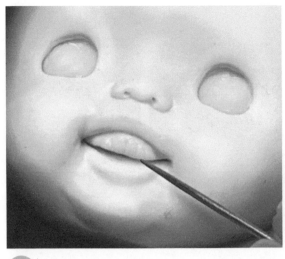 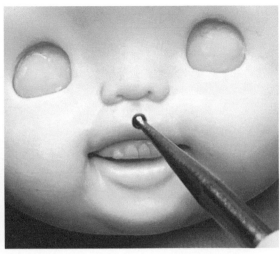

Step 10 继续用刻画细节的粗针调整牙齿轮廓，然后用小号丸棒压出人中。

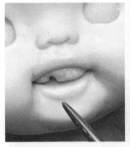 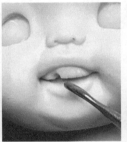 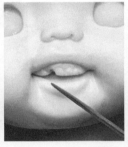 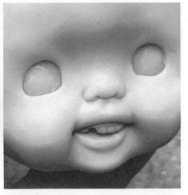

Step 11 用圈头尖头笔的尖头做出缺牙的效果，并利用尖头抹平笔和刻画细节的粗针调整缺牙的形状。

  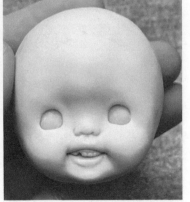

Step 12 在离下巴8mm左右处用脖撑工具戳出一个脖洞，随后送入温度为120℃的烤箱内烘烤25分钟，定型，待完全冷却后取出。

作者语：缺牙笑脸宝宝的嘴形特点

这个娃娃的嘴形特点是，微笑嘴形下露出缺一颗牙的上排牙齿，嘴角向内收。刻画时，下唇在牙齿稍后的位置，把嘴角压进去，耐心地慢慢刻画牙齿、牙龈，同时别忘记刻画缺少的一颗牙。

脱模与制作后脑勺

Step 13 用扁头抹平笔沿着模具边缘一点一点撬动，切不可生拉硬拽。脱模之后可以对娃头边缘轻轻打磨。然后将制作后脑勺的模具放入制作好的娃头脸形部件内。

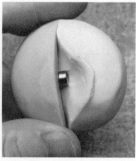

Step 14 用前面调好的土包裹模具补上娃娃的后脑勺部分，并在娃头上下两端加入磁铁，用手将后脑勺调整圆润平滑后送入温度为120℃的烤箱内烘烤25分钟左右，定型，等冷却后取出。

Step 15 依旧用扁头抹平笔从接缝处打开后脑勺并取出模具，再把做好的脸形部件和后脑勺部件，依靠部件上的磁铁拼合在一起。此做法制作的娃头可随时打开。

添加耳朵

 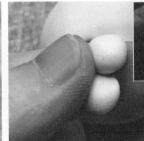 

 Step 16 参考眠宝案例中耳朵的制作方法，用预留的土做出缺牙笑脸宝宝的耳朵，完成后将娃头放入温度为120℃的烤箱内烘烤25分钟左右，定型。

注意

耳朵用土各为0.4g，固定耳朵时可用软陶黏合剂，少量点在耳朵位置以增加黏合度。

注意

脸形部件做好后需先烘烤定型，再制作后脑勺部件并烘烤定型，最后添加耳朵后再一次将头部放进烤箱烘烤定型。因此，整个头部至少需要烘烤定型三次（修补除外）。

Step 17 上图为添加耳朵后缺牙笑脸宝宝的烘烤定型效果。至此，完成缺牙笑脸宝宝的头部制作。

094

◆ 娃头上妆演示

娃头上妆效果展示

嘴巴微嘟委屈宝宝
垂眉加上晶莹的眼泪，楚楚可怜，整个妆面让人心生怜爱。

吐舌头调皮宝宝
可爱的女孩，调皮的小舌头，还是一贯的软萌风格。

缺牙笑脸宝宝
上妆时着重处理了牙齿，使牙齿看起来更加自然。即用尖头棉签蘸取洗甲水一点点褪掉牙齿上的色粉，把牙齿洗成肉色后再用白色颜彩上色，这比直接涂丙烯颜料更自然。
另外，缺牙笑脸宝宝没有加睫毛与双眼皮，看起来像个调皮的小男孩。

洗甲水

嘴巴微嘟委屈宝宝上妆过程演示

本节用模具开颅法制作了3个OB11娃头，它们的上妆过程基本一致。因此，此处就以嘴巴微嘟委屈宝宝为例，展示娃头的上妆过程。

第一层妆

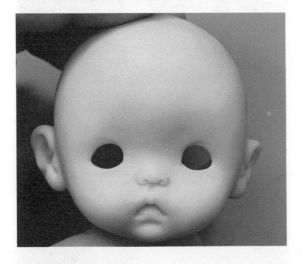

喷消光

在室外无风阴凉处，将消光摇晃均匀，距离娃头30~45cm，给娃头喷一遍消光，效果以哑光磨砂状态为准。

Step 01 用圆头刷蘸浅粉色色粉以打圈的方式给额头、眼眶、鼻头以及脸颊等位置，浅浅地上一层底妆。

Step 02 用圆头刷蘸取较深的粉色色粉加深上一步的上妆区妆色，可少量多次上妆，使得腮红晕染自然。然后再轻扫耳垂。

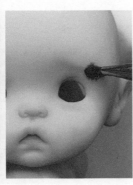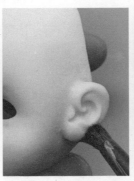

 Step 03 用圆头刷蘸取深棕色色粉晕染眼部、眉毛与耳垂。

第二层妆

 用自制圆头刷和小扁头刷，依次蘸取较深的粉色色粉加强面部妆感。

 用自制小头刷蘸取较深的粉色色粉，依次勾画眼眶、嘴唇，溢出来的色粉用尖头棉签蘸水擦干净。

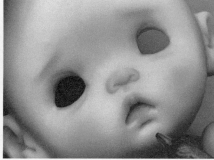

 用自制小头刷蘸取浅棕色色粉涂在下唇底部、眉头等位置，加强面部结构，使面部更加立体。

第三层妆

 在画眉毛前先在眉毛处抹一层白色色粉，以便上颜彩更加顺畅。

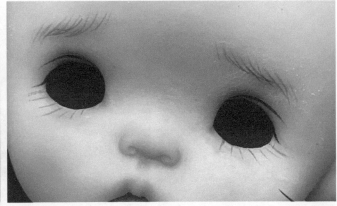

Step 08 用00000号勾线笔蘸取喷了水的焦茶色颜彩，勾画出眉毛和下睫毛。

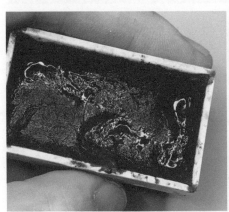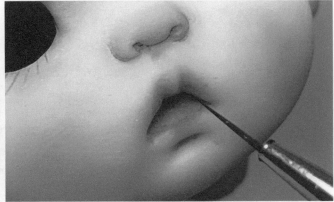

 用00000号勾线笔蘸取喷了水的红色颜彩，小心地勾勒出鼻孔、嘴缝。

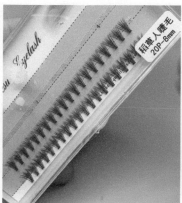
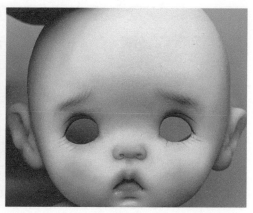

 准备白乳胶和束睫毛，睫毛长8mm。

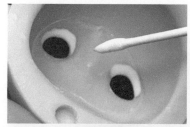

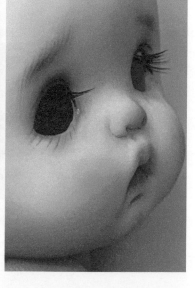

 在眼眶后涂上白乳胶，取一束睫毛粘在眼眶上。可以取2束或者更多（按需要拿取）睫毛，粘上后晾干。

第四层妆

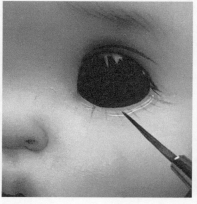

 用00000号勾线笔蘸取亮光油涂在眼眶、鼻头和唇部。注意：涂得越多越亮，可按想要的妆面效果处理。

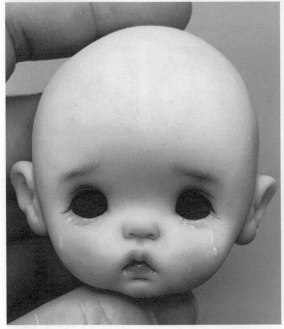 

 用珍珠笔涂眼眶下沿,画出眼泪自由落下的效果,同时还可以用细小的工具调整眼泪形状。

◆ 眼珠的安装

用模具开颅法制作的娃头，需要后期单独添加眼珠，下面就为大家展示娃头眼珠的安装过程。

安装眼珠

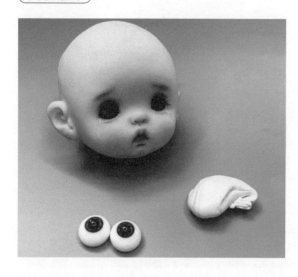

Step
01　准备一个化好妆容的娃头素头、一对直径为10mm
　　 的眼珠（虹膜直径为5.5mm）、一块眼泥。

Step
02　取眼泥搓成条，包住眼珠，再将其按入眼眶，调整眼神。

其余两款娃头安装眼珠后效果展示

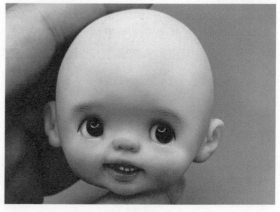

吐舌头调皮宝宝　　　　　　　　　　　　　　　缺牙笑脸宝宝

第4章

4

OB11娃娃头发制作

本章内容主要介绍了 OB11 娃娃头发的制作工
序，并且展示了多款娃娃的发型以及不同发型
的制作方法。大家通过本章内容掌握娃娃头发
的制作方法后，可以发挥自己丰富的创造力，
制作更多的发型。

① 头发制作工序

OB11娃娃头发的制作工序为：制作头壳—制作发排—粘发排—打理头发—制作发型。下面，我们来看看具体的操作。

◆ 头壳制作

制作娃头的头发，要先从头壳做起。头壳分硬壳和软壳，本书制作的头壳属于硬壳。在制作头壳过程中，可以使用不同类型的胶水粘贴固定，比如白乳胶、uv胶、酒精胶（速干但易变形），这里选用的是uv胶，其优势在于省去了白乳胶漫长的晾干时间。此外，制作头壳设计了双层网纱，能使头壳更加坚硬牢固。

头壳制作演示

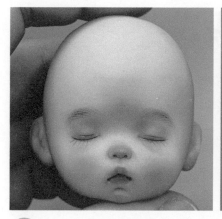 

 准备一个化好妆容的娃头，以及硅胶刷、网纱、一次性小皮筋、保鲜膜、uv胶、uv照灯。

 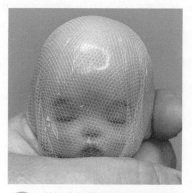 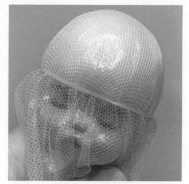

 先给娃头包上保鲜膜并用手紧紧捏住，将娃头紧紧包裹住。
注意：保鲜膜裹的层数多少自行决定，裹得多头壳就会相对松。裹保鲜膜的作用是防止胶水粘在娃头上毁坏娃头。

 给包有保鲜膜的娃头再包上两层网纱，用手调整网纱使其在娃头上尽可能平整。

 用一次性小皮筋固定好网纱，脑后部分也尽可能往下压。

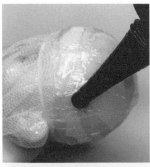 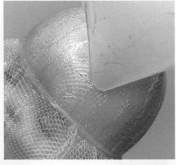 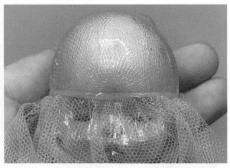

Step 05 在包裹好网纱的娃头上涂抹uv胶，然后用硅胶刷将胶水抹均匀、平整（胶水一定要抹够，不要怕浪费），随后把娃头放在uv照灯下照干。

注意

对照干时间的把握以头壳干透、牢固为准。

Step 06 等娃头照干后，用剪刀剪掉小皮筋，取下头壳，这样就能得到一个符合娃头头围的头壳。

 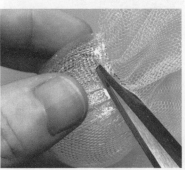 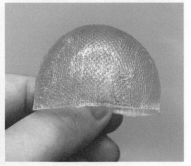

Step 07 最后，脱掉头壳内的保鲜膜，剪掉多余网纱，修剪头壳多余部分。制作的头壳效果以戴在娃头上贴合不掉、大小合适为准。

小提示

如果感觉制作的头壳有点松，可以在头壳边缘粘上或缝上一圈松紧带，避免佩戴的时候太松导致假发掉落。用头壳做假发，可以更换不同的发型，以搭配不同的衣服，呈现出不同的风格。

◆ 发片制作

制作发片需要结合娃头的大小剪取长度合适的头发，在刷胶的时候尽量刷在毛发根部，使发排毛发呈现出毛鳞片向下的效果，以方便后期打理。

发片制作演示

Step 01 准备马海毛、白乳胶、透明袋以及硅胶刷。

小提示

制作发片常用的毛发材质有毛线、高温丝、牛奶丝、马海毛、滩羊毛等。按照毛发软硬程度由软到硬排列：滩羊毛—毛线—马海毛—牛奶丝—高温丝；按照发排的制作难易程度从难到易排列：毛线—滩羊毛—马海毛—牛奶丝—高温丝。大家可以自行选择适合的材质。

Step 02 取一撮马海毛从中间剪断，因为娃头比较小，头发只需用一半。

Step 03 用硅胶刷蘸取白乳胶，紧密均匀地刷在毛发根部，刷胶时可以通过透明袋检查毛发有没有都刷上白乳胶，刷完待晾干。

 等白乳胶干透，用剪刀修剪多余毛边，就可以得到整齐的发片。重复以上操作，就可以做出娃头头发所需的发片。

◆ 发缝制作

发缝制作有不同的方法，这里介绍一种比较方便的方法。

（发缝制作演示）

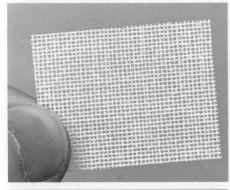
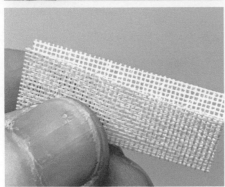
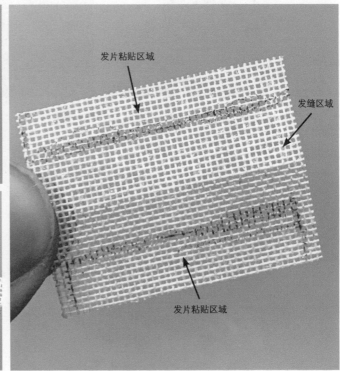

发片粘贴区域

发缝区域

发片粘贴区域

 裁剪一块硬衬布，对折，随后在硬衬布两边标记出发片粘贴区域，预留的中间部分为发缝区域。

 Step 02 对折后在画线区域边缘涂抹黄胶，贴上发片，注意发片边缘与硬衬布边缘要对齐。

 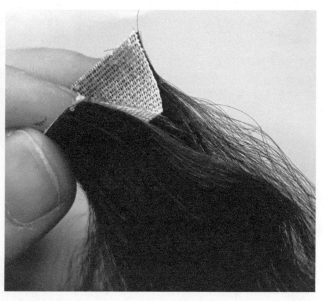

Step 03 在硬衬布的另一端边缘固定另一个发片，然后对折硬衬布。

 Step 04 把对折后的硬衬布夹在中指与食指之间，夹紧，并用无名指与大拇指按住两边的头发。注意头发要梳顺、梳匀。

ep 05 用牙医弯头针先勾左边一缕头发再勾右边一缕头发，再回到左边勾一缕头发，如此反复，让一缕一缕的头发左右交叉，做出发缝。演示制作的发缝较长，因此可以分几次制作。

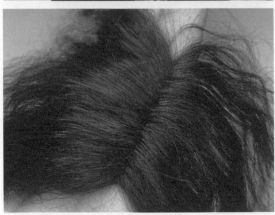

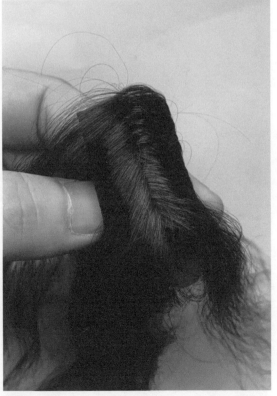

Step 06 用牙医弯头针继续把余下的发缝勾制完整。勾发缝前需要用手指夹紧发片（见步骤04），用工具勾住头发，顺着头发毛鳞片的走向勾出发缝，这种方法非常省时，制出的发缝也非常顺滑、自然。

Step 07 最后，根据制作的娃头需要，制作出长度适宜的发缝。如果发丝过于毛糙，可以用直板夹微微夹一下，让发丝更服帖。

② 不同的发型

　　用4.1节介绍的头壳、发片与发缝的制作方法，发挥丰富的创造力和想象力，就可以给OB11娃娃制作多种发型。下面展示了多款娃娃的发型，有你喜欢的吗？

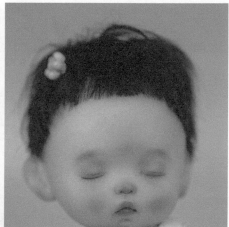

「 短发 」

制作解析

　　本案例制作的是一款简单的短发，主要是给大家提供一种制作短发的方法参考。希望大家可以在这个方法的基础上，发挥创意，做出更自然、更与众不同的其他造型的短发。

做短发发片

 本案例用于制作短发发型的材质是山羊毛。山羊毛的毛发短且绒毛较多，制作时只取柔顺的长毛。手捏住一撮毛用剪刀剪下来，再用小钢刷刷出里面短小的浮毛。

 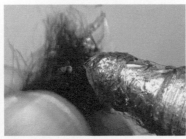 

 用黄胶黏住毛发根部，将毛发压成扁扁的薄片。

 用直板夹把毛发夹直，就可以得到平顺的发片。用相同的方法做出足够多的发片。

贴头壳

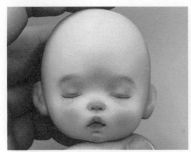  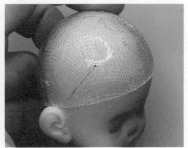

 根据需要修剪发壳。结合发型样式以及刘海儿的长度，确定娃头额头处头壳的长度。

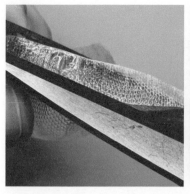
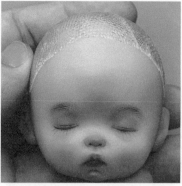

 根据刘海儿造型，用剪刀修剪额头处头壳。

贴发片

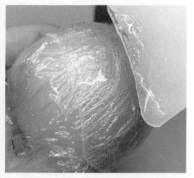

Step 06 给套有头壳的娃头包上保鲜膜（防止胶水粘到娃头脸上），在头壳边缘涂一圈黄胶，随后用硅胶刷抹平。

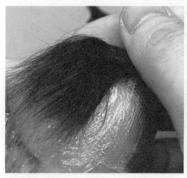

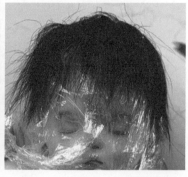

Step 07 以头顶为中心，给娃头贴上第一片发片，然后一层叠一层，依次贴上第二片、第三片、第四片……，直至围绕娃头贴满一圈，随后开始处理头顶头发。

 在头顶再贴一些发片，尽可能地将头上抹的胶水盖住。

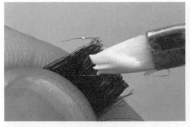 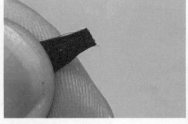 

Step 09 取适量头发在发根涂白乳胶，待发根粘住后将头发散开，呈右图所示的造型。

Step 10 在头顶涂白乳胶，将上面制作的头顶发片粘上，可用手按住，待发片粘牢。

（做造型）

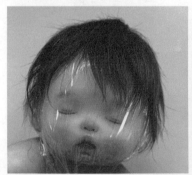 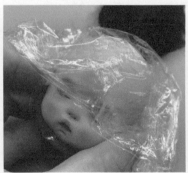 

Step 11 短发发套做好后，将发套取下，把保鲜膜取出，再把发套套在娃头上。

 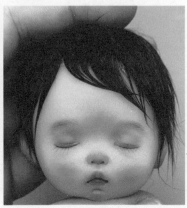 

Step 12 用发胶涂满整个头，让头发服帖。待发胶干透后就可以得到一个服帖的发胚。然后可以根据需要进行修剪创意。

「马海毛双马尾」

马海毛质地柔软细腻、有光泽，是制作头发的首选材料。

本案例制作的这款马海毛双马尾发型，难度在于发缝的制作，不过心灵手巧的你一定可以做好的。

准备

 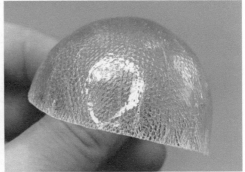

 Step 01 准备若干用马海毛制作的发片以及头壳一个。

贴发片

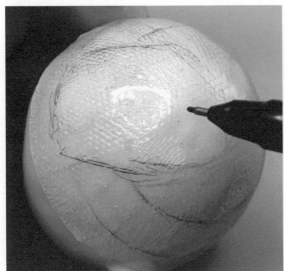 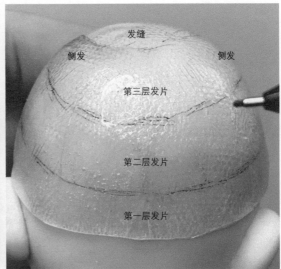

Step 02 在头壳上标记发片的走向，并留出头顶发缝的位置。

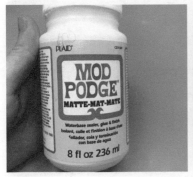  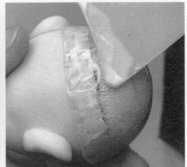

Step 03 用硅胶刷蘸取白乳胶刷在头壳第一层发片处（后脑勺最下方），用来固定发片。

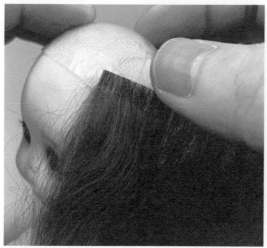

 Step 04 留出刘海儿所占区域贴第一层发片，并用手按紧，等其粘牢。

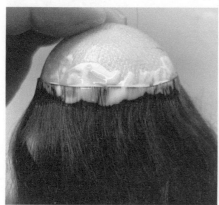

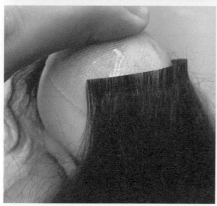

Step 05 用同样的方法粘上第二层发片，依旧留出刘海儿位置，这样可以让刘海儿显得轻薄、自然。

 粘上第三层发片同时加上刘海儿，注意不要露头皮。

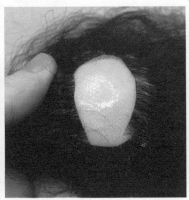

Step 07 接下来添加头顶两侧的头发。

注意

此处头顶空出的头皮大小，以能被发缝部件完全覆盖为准。

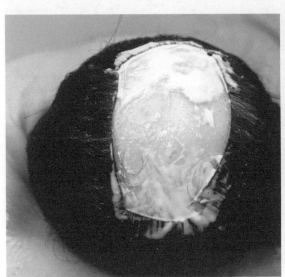

 给头顶和发缝部件涂上白乳胶，等白乳胶稍微晾干。

Step 09 将发缝部件贴在头顶正中间（观察周围有没有露出头皮），多压一会儿直至白乳胶干透，固定住。随后整理头发，就可得到非常自然的发缝。

(做造型)

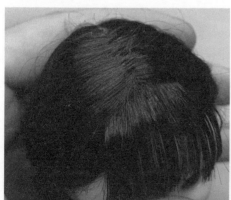

Step 10 最后，用剪刀把刘海儿修剪到合适长度，再扎两个双马尾，完成娃娃的发型制作。大家可根据喜好做各种发型，比如卷发、编发、短发等。

「小卷毛双马尾」

制作解析

　　小卷毛双马尾发型是很常见的发型，也是娃头常做的一款发型。这款发型简单，制作速度快，使用的材料也很便宜，且材料的可控性很强，造型多变，娃头戴上这款假发后显得十分软萌可爱。

贴头壳

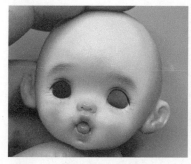 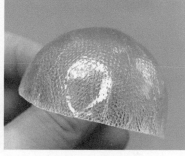 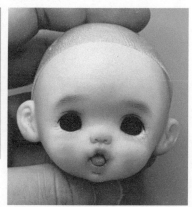

 Step 01 准备好一个娃头和一个头壳部件，把头壳套在娃头上。

制作刘海儿与发片

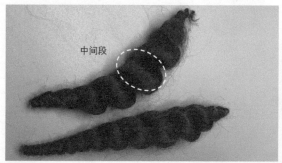 

Step 02 准备小羊毛卷与黄胶。

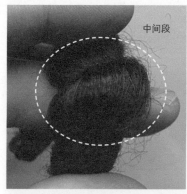 

Step 03 剪下小羊毛卷的中间段，取出其中一缕，用于制作自然卷的刘海儿。

Step 04 用黄胶固定发根并用手捏紧，做出足够多的刘海儿发丝。

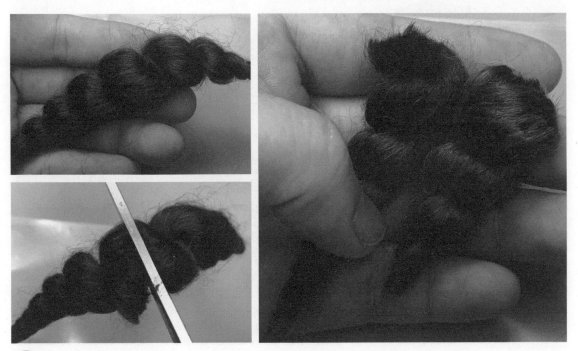

Step 05 接下来制作发片。取一卷小羊毛卷，剪断，得到一长一短两节头发，用来制作头部两侧的发片。

 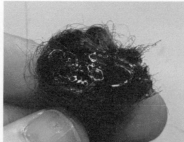 

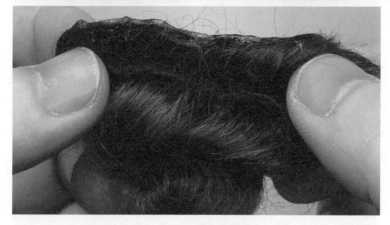

Step
06
分别在两节卷发剪断处涂上黄胶，在剪断的截面全都涂上胶水。涂胶后不要动，待胶水略干（一定要干一些），再将发片扯匀、拉长（拉宽），发片的宽度可根据扎双马尾发型的发缝来决定。

Step
07
待两片发片干透后放在一起，再用同色线利用缝纫机将发片缝在一起，针距要密，这样得到的发缝会很均匀。

贴头发

Step
08　刘海儿的弯度很随意，所以贴的时候要找到与头皮服帖的角度，不要随意粘上去，显得刘海儿杂乱无章。

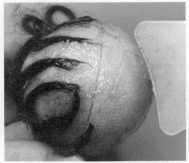

Step
09　刘海儿固定以后，在后脑勺处的头壳上用硅胶刷均匀刷上黄胶。

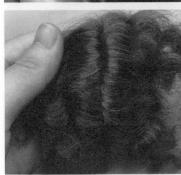

Step
10　把缝好的发片贴在头上，同时按压住。发缝放在最中间，让头发均匀地粘在发壳上，并且控制头发走向以及初步确定马尾扎起的高度和发量的多少。

Step 11 待发片粘牢后检查有没有露胶，最后按自己的想法设计造型，扎起来、编起来都可以。

Step 12 最后，不要忘记给娃头安装眼珠。由于这个娃头是采用模具开颅法制作的，因此可以在添加头发之前或者加上头发后安装眼珠，具体安装方法请参考第3章。

5

OB11娃娃妆造
搭配

委屈嘟嘴宝宝

发型制作与设计：面面（小红书）
发饰：网上购买的配饰
娃衣：杨小丸（小红书）
娃鞋：小鱼干手作（微博）
身体：OB11素体

眠宝

发型制作与设计：面面（小红书）

发饰：网上购买的配饰

娃衣：jimi（微博）

娃鞋：嘟嘟手工坊（网上店铺）

身体：OB11素体

抵嘴大眼宝宝

发型制作与设计：面面（小红书）

发饰：雪舞要勤奋（微博）

娃衣：雪舞要勤奋

娃鞋：lizdolly栗子家（网上店铺）

身体：OB11素体

缺牙笑脸宝宝

发型制作与设计：Awen-Awen(小红书/微博ID：阿雯）
发饰：网上购买的配饰
娃衣：jimi（微博）
娃鞋：叶太太鞋铺（小红书）
身体：OB11素体

生气男宝宝

发型制作与设计：Awen-Awen(小红书/微博ID：阿雯)
发饰：网上购买的配饰
娃衣：晴天(小红书ID：大萌)
娃鞋：JZ1202(小红书ID：八号寝室 夹子)
身体：OB11素体

吐舌头调皮宝宝

发型制作与设计：面面（小红书）
发饰：网上购买的配饰
娃衣：小螃蟹(闲鱼)
娃鞋：小鱼干手作（微博）
身体：OB11素体

小眼睛口水宝宝

发型制作与设计：面面（小红书）
发饰：网上购买的配饰
娃衣：杨小丸(小红书)
娃鞋：不详
身体：OB11素体

小眼睛笑脸宝宝

发型制作与设计：面面（小红书）

娃衣：杨小丸(小红书)

娃鞋：JZ1202(小红书ID：八号寝室 夹子)

身体：OB11素体

嘴巴微嘟委屈宝宝

发型制作与设计： 面面（小红书）
发饰： 网上购买的配饰
娃衣： 小螃蟹手作(微博)
娃鞋： Lizdolly栗子家（网上店铺）
身体： OB11素体